木竹功能材料科学技术丛书

木质吸声材料

彭立民　傅　峰　王军锋　著

科 学 出 版 社

北　京

内 容 简 介

本书首先对木质吸声材料的基本情况和理论知识进行了阐述，在此基础上，分析了木质吸声材料的研究进展。主要包括三个部分。第一部分（第一～四章）主要是根据阻抗管测试系统，测试以中密度纤维板为基材的木质穿孔板吸声系数，得出不同工艺的穿孔板吸声规律。为木质穿孔板设计制备提供依据。第二部分（第六章、第七章）是利用聚合物发泡技术和木质人造板复合工艺技术制备木纤维-聚酯纤维复合吸声材料，研究了在一定复合工艺条件下，材料的物理力学性能和吸声性能，并探讨了材料空气流阻率、背后空腔深度、针刺处理工艺及贴面处理对复合材料的吸声性能的影响。第三部分（第五章、第七章、第八章）通过等效流体的密度和体积弹性模量模型，预测了聚氨酯纤维多孔性材料的吸声性能，通过理论模型和实际值之间的线性回归显著性检验，验证等效流体理论模型准确地预测了聚酯纤维吸声材料的吸声系数，为后续木纤维-聚酯纤维复合材料的理论研究奠定一定的基础。

本书可为林业及声学相关专业的高等院校、科研单位和相关声学材料公司等从事木材科学与技术、噪声控制的研究工作人员和相关专业师生提供科学参考。

图书在版编目（CIP）数据

木质吸声材料/彭立民，傅峰，王军锋著. —北京：科学出版社, 2018.1
（木竹功能材料科学技术丛书）
ISBN 978-7-03-054544-2
Ⅰ. ①木… Ⅱ. ①彭… ②傅… ③王… Ⅲ. ①吸声材料 Ⅳ. ①TB34
中国版本图书馆 CIP 数据核字（2017）第 230915 号

责任编辑：张会格 / 责任校对：郑金红
责任印制：赵 博 / 封面设计：刘新新

科 学 出 版 社 出版
北京东黄城根北街 16 号
邮政编码：100717
http://www.sciencep.com
北京凌奇印刷有限责任公司印刷
科学出版社发行 各地新华书店经销
*
2018 年 1 月第 一 版 开本：787×1092 1/16
2019 年 1 月第三次印刷 印张：9 3/8
字数：225 000

定价：98.00 元

(如有印装质量问题，我社负责调换)

前　言

噪声污染已成为当代世界性的问题，同水污染和大气污染一起被列为全球三大污染。随着人们生活质量的提高以及环保意识的增强，人们对降低环境噪声方面的需求越来越高，大量吸声材料使用在各种不同的场所，如各种影剧院、音乐厅、报告厅、会议室、KTV包房、酒吧、医院、酒店大堂等。调查表明，71%的员工认为噪声是影响工作效率的首要因素。美国布法罗社会技术革新组织进行了一次研究，发现办公人员花费他们大量时间（超过62%）在静态工作上，集中办公于桌子上或计算机前。同时，人们对吸声材料的性能也提出了更高的要求，吸声材料已从过去单一吸声功能向高吸声性、装饰性、经济性、环保性和多功能转变。

《建筑环境声学》提出：建筑材料不仅要实现一定的使用功能，同时也要具有一定的美观装饰作用。对于吸声建筑材料，基于装饰效果以及安全健康考虑，人们已不再满足于玻璃纤维或矿棉纤维吸声板、穿孔吸声板和金属穿孔板，转而开始研究外形美观、结构轻便、性能优越、绿色安全的新型降噪材料或降噪结构。木质材料自身有着优良的物理性质和受人喜爱的自然视觉效果，在厅堂设计和高档装饰场所常常被优先考虑，而具有良好装饰效果的木质类吸声材料更一直被人们所关注，已成为近年来研究发展的重点。

本书作者对木质声学材料的研究已有十余年，本书以国家948项目、国家科技支撑项目及中国林业科学研究院院所长基金项目为课题支撑，对木质穿孔板制备工艺参数、木纤维-聚酯纤维复合吸声材料制备工艺和理论以及多孔性材料的声学模型进行了深入的研究。本书第一章介绍声学基础原理；第二章介绍了木质声学材料的国内外研究现状；第三章介绍了木质声学材料的评价与测试方法；第四章重点对木质穿孔吸声板参数的选择、吸声性能影响因子进行了研究；在第五章中，推导了木纤维-聚酯纤维复合吸声材料的吸声现象理论模型；在第六章和第七章中，分别利用模压法和针刺法制备木纤维-聚酯纤维复合吸声材料，并对相关力学性能和声学性能进行了分析和研究。

当今处在一个科技飞速发展的年代，新型的木质吸声材料也将与时俱进不断有新的产品和研究出现。感谢浙江省林产品质量检测站教授级高工陆军以及中国林业科学研究院木材工业研究所王东、宋博骐、刘美宏、朱广勇等研究生对本书的完成提供的帮助。由于作者掌握的资料和水平有限，书中遗漏的不当之处在所难免，欢迎广大读者批评指正。

著　者

2017年8月9日

目　录

第一章　概　　述

第一节　声学基本知识

一、噪声的危害

18 世纪中叶进入工业革命以来，以机器取代人力的生产机械化和自动化带动工业、农业、交通运输业迅速发展，给人类的生产和生活带来诸多便利的同时，也造成不可估量的污染。其中，噪声污染越来越严重，逐渐引起人们的重视，已经被列为环境治理的主要对象之一。为了合理防范和控制噪声，首先应明白噪声产生的根源，常见的噪声主要有社会噪声、工业噪声、建筑噪声和交通噪声。据相关统计数据显示，近几年由于机动车辆拥有量的指数式增长，特别是在城镇，由于隔声设施的不够完善，交通噪声占据城市噪声污染来源的 30%，已成为城镇噪声的重要组成部分；随着物质经济条件的丰裕，人们的社会生活多种多样，造成不可估量的噪声污染，社会噪声占据城市噪声污染来源的 40%；除此之外，城市噪声污染来源还包括建筑施工和工业生产噪声，大约占 30%（刘美玲，2011）。噪声污染已越来越严重。据报道，近 30 年来在一些工业发达国家，城市噪声级增加 30dB，平均每年升高 1dB。按声能计算，每 3 年城市环境噪声的声能增加 1 倍，增加 30dB 相当于声能增加 1000 倍，可见噪声污染的增加速度之快。

据有关数据显示，城市环境噪声污染的 30%影响是多方面的。例如，损伤听力，影响睡眠，诱发疾病，干扰语言交谈，噪声还影响设备的正常运转、损害建筑结构等。噪声容易使人疲劳，难以集中精力，从而使工作效率降低，对于脑力劳动者尤其明显；长时间在强噪声环境下工作，会使内耳组织受到损伤，造成耳聋。当噪声超过 135dB 时，电子仪器的连接部位可能会出现错动，引线产生抖动，微调元件偏移，使仪器失效；在特强的噪声下，机械结构和固体材料会产生疲劳现象而出现裂痕或断裂，冲击波影响下，建筑会出现门窗变形、墙面开裂等。

二、声波的基本性质

声音是由物体振动产生的，而振动在弹性介质中的传播形式就是声波。通常将振动发声的物体，称为声源。声源不一定都是固体，液体和气体的振动也会产生声音，如海上的浪涛声和火车的汽笛声。如果将一声源体置于真空罩内，则声波不能传播。因此，声波的产生除了要有振动的物体外，还必须要有传播的介质物体，它可以是空气、水等流体，也可以是钢铁、玻璃等固体。介质将产生声波的物体的振动，转变为附近介质粒子的振动，从而实现能量在介质中的传输。声波传播时，粒子振动方向与能量传递方向平行。在空气和液体中传播的一般是纵波，而在固体中的传播方式既有纵波也有横波。

当声波为纵波，其纵向振动导致介质的压缩和变稀。波长和频率是声波的重要参数。波长是声波在介质中传播一个完整周期的距离。频率是介质粒子振动的频繁程度，表示每秒时间内完成的周期数。声波在介质中传播时，介质粒子以相同的频率振动。只有当声波传入另一种介质时，频率才会发生变化。

三、可听声

物体振动是产生声音的根源，但并不是物体产生振动后一定会使人感知到声音。因为人耳能感觉到的声音频率范围只是在20～20 000Hz，这个频率范围的声音被称为可听声，频率低于20Hz的声波被称为次声波，频率高于20 000Hz的声波被称为超声波。对于人耳来说，次声和超声都是感知不到的。

描述声音高低的物理量是频率；描述声音强弱的物理量有声压、声强、声功率以及各自相应的级；描述声音大小的主观评价量是响度和响度级。噪声由随机分布的多种频率声波混合形成。因此，噪声一般可以解析为具各自声压级的频带谱图。可听声的主要频率的波长如表1-1所示。

表1-1　可听声主要频率的波长

Table 1-1　The wave length of audible sound main frequency

频率/Hz	20	50	100	250	500	1 000	2 000	4 000	8 000	20 000
波长/m	17	6.8	3.4	1.36	0.68	0.34	0.17	0.085	0.043	0.017

四、声波的速度

声速是声波传播距离与时间的比率。它取决于介质的性能——惯性和弹性。密度就是介质的惯性性能。介质中粒子的惯性越大，对附近粒子扰动的响应就越小，从而使声波的传播变慢。在其他参数相同的情况下，声波在低密度介质中的传播比在高密度中快。而弹性性能与介质材料在应力或应变作用下抵抗变形或保持形变的趋势有关。弹性模量就反映了这样的状态，如钢铁的弹性模量高于橡胶。在分子级别上，高弹性模量材料的粒子间作用力非常强。当施加应力时，粒子间的强相互作用可以阻止材料变形并有助于材料形状的保持。因此，材料的相态对声速有极大的影响。总之，固体具有最强的粒子间作用力，然后依次是液体和气体。所以，在固体中，声波的传播比在液体中快，尽管声波的速度可以由声波的频率和波长进行计算，但在物理上并不取决于这些参数。声波在一些材料中的传播速度如表1-2所示。

表1-2　声波在一些材料中的传播速度

Table 1-2　Acoustic propagation velocity in some materials

材料名称	传播速度/（m/s）	材料名称	传播速度/（m/s）
混凝土	3100	松木	3600
砖	3700	软木	500
玻璃	3658	水	1410

续表

材料名称	传播速度/（m / s）	材料名称	传播速度/（m / s）
铁	4800	大理石	3800
铝	5820	花岗岩	6000

五、声音的传播与衰减

当声源振动时，其邻近的空气分子受到交替的压缩和扩张，形成疏密相间的状态，空气分子时疏时密，依次向外传播（图 1-1）。

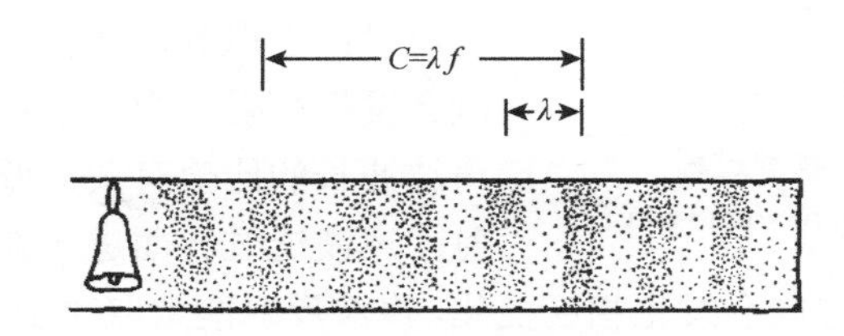

图 1-1 声音传播示意图

Fig.1-1 Sound propagation diagram

C 为声速（m/s）；λ 为波长（m）；f 为频率（Hz）

声源的振动是按一定的时间间隔重复进行的，振动是具有周期性的，在声源周围媒质中产生周期的疏密变化。在同一时刻，从某一个最稠密（或最稀疏）的地点到相邻的另一个最稠密（或最稀疏）的地点之间的距离称为声波的波长。振动重复的最短时间间隔称为周期。周期的倒数，即单位时间内的振动次数，称为频率，媒质中的振动逐渐由声源向外传播。这种传播是需要时间的，即传播的速度是有限的，这种振动状态在媒质中的传播速度被称为声速。

在空气中声速：

$$c=331.45+0.61t \quad (1\text{-}1)$$

显然，在这些物理量之间存在相互关系：

$$\lambda=c/f \quad (1\text{-}2)$$

$$f=1/T \quad (1\text{-}3)$$

式中，λ 为波长（m）；f 为频率（Hz）；T 为周期（s）；t 为空气的摄氏温度。可见，声速 c 随温度变化会有一些变化，但是一般情况下，这个变化不大，实际计算时常取 c 为 340m/s。

声波传播时，媒质中各点的振动频率都是相同的，但是，在同一时刻各点的相位不一定相同。同一质点在不同时刻也会有不同的相位。所谓相位是指在时刻 t 某一质点的振动状态，包括质点振动的位移大小和运动方向，或者压强的变化。在图 1-2 中，质点 A、B 以相同频率振动，但是 B 比 A 在运动时间上有一定的滞后，C、D 等质点在时间上依次相继滞后，当 A 质点处于最大压缩状态，即压强增大到最大时，B、C、D 质点处的压强程度依次减弱，以至 D 点处于最大膨胀状态。这就是说质点间在振动相位上依次落后，存在相位差。正是由于各个质点的振动在时间上有超前和滞后，才在媒质中形

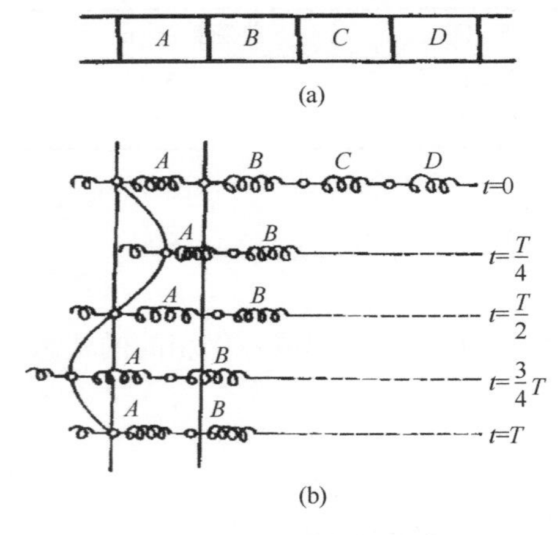

图 1-2　声波传播的物理过程

Fig.1-2　Physical process of sound travel

成波的传播。可以看出，距离为波长 λ 的两质点间的振动状态是完全相同的，只不过后者在时间上延迟了一个周期。

声波作为机械波的一种，具有波在传播中的一切特性。声波通常会到达介质的边界，并进入另一种介质。声波在两种介质间的行为，称为边界行为。当声波到达另一种介质时，会有 4 种可能的边界行为。声波在前进过程中，遇到尺寸比其波长大得多的障碍物时，就会发生反射；当遇到尺寸较小的障碍物或孔隙时，就会发生衍射，由于衍射现象与障碍物尺寸和声波波长的比值有关，低频噪声更容易发生衍射；声波透过界面进入新介质，为透射；折射伴随反射出现，速度和方向会发生相应变化。声波反射能量取决于两种介质的性质差异，差异小时，反射能量少透射能量多，声波在传播中被不断地衰减。声波衰减的原因主要是：①当声波从声源向四面八方辐射时，波前的面积随传播距离的增加而不断扩大，声波被扩散，通过单位面积上的声能相应减少；②由于传播介质的黏滞性、热传导和分子弛豫过程等原因，声波被吸收。这两者均使声波在传播过程中声能不断地被转化为其他形式的能量，从而导致声强不断衰减。

第二节　吸声机理与吸声材料

减弱噪声通常有 3 种途径：在声源处减弱，在传播过程中减弱，在人耳处减弱。而实际运用中，主要是通过在噪声的传播过程中设置吸声材料来达到吸声降噪的目的。常见的吸声机理有 3 类：薄板共振吸声结构的吸声机理、亥姆霍兹吸声机理和多孔吸声机理。

一、吸声机理

声波在媒介中传播的过程中，由于摩擦和黏滞阻力的作用，声能转换为机械能、热能等其他形式的能量而耗散的过程被称为吸声。当声波传到吸声材料（结构）表面时，由于材料（结构）的阻碍作用，部分被表层反射或散射回去；一部分透过表面进入材料（结构）内部被“吸收”，进入材料的声能又有一部分会直接经过材料（结构）透射出去，如图 1-3 所示。

根据能量守恒得到：

$$E_i=E_r+E_\alpha+E_\tau \qquad (1\text{-}4)$$

吸声性能的强弱通常用吸声系数 α 表示。α 的计算如下：

$$\alpha=(E_\alpha+E_\tau)/E_i=(E_i-E_r)/E_i \qquad (1\text{-}5)$$

式中，E_α为被材料或结构吸收的声能；E_τ为透射声能；E_i为入射声能；E_r为被测材料或结构反射的声能。

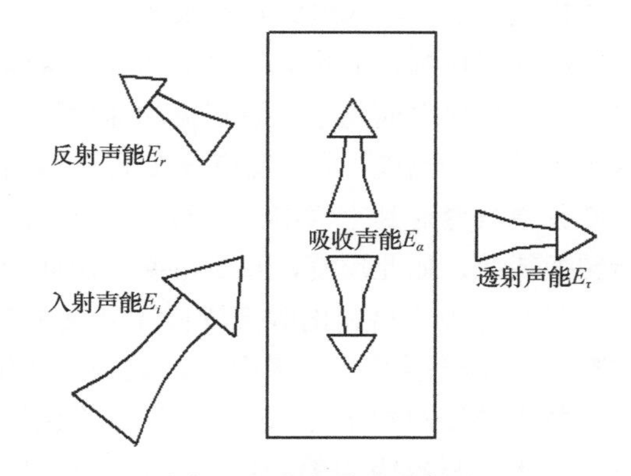

图 1-3 吸声过程示意图

Fig.1-3 Schematic diagram of sound absorbing

（一）薄板共振吸声结构的吸声机理

薄板与墙体或顶棚之间存在空腔时也能吸声，如木板、金属板做成的天花板或墙板等，这种结构的吸声机理是薄板振动吸声。薄板在声波作用下发生振动，并发生弯曲变形，薄板振动时，由于板内部和龙骨间出现摩擦损耗，使声能转化为板振动的机械能，最后转变为热能而起到吸声作用。由于低频声波比高频声波容易激起薄板的振动，所以这种结构具有低频的吸声特性。当入射声波的频率与薄板振动结构的固有频率一致时，将发生共振。建筑中常用的薄板吸声结构的共振频率为 80～300Hz。

（二）亥姆霍兹吸声机理

当墙面或天花板配置带空气的穿孔板时，即使材料本身吸声性能很差，这种结构也具有吸声性能，如穿孔的石膏板、木板、金属板，甚至是狭缝吸声砖等，这类吸声结构被称为亥姆霍兹共振器。在亥姆霍兹共振器中，吸声结构可以看作许多单孔共振腔并联而成，单孔由大的腔体和窄的颈口组成，材料外部空间与内部腔体通过窄的瓶颈连接。在声波的作用下，孔颈中的空气柱就像活塞一样做往复运动，开口处振动的空气由于摩擦而受到阻滞，使部分声能转化为热能。当入射声波的频率与共振器的固有频率一致时，即会产生共振现象，此时孔颈中的阻尼作用最大，声能得到最大吸收。

这种吸声机理的特点为，对频率的选择性很强，只对共振频率具有较大的吸声系数，偏离共振频率时则吸声效果变差，吸收声的频带也比较窄，一般只有几十赫兹到 200Hz，通常为使其吸声频带加宽，常在穿孔板后蒙上一层纺织物或是填充多孔吸声材料。

很多科研人员对亥姆霍兹共振器进行了研究。Dickey 和 Selamet（1996）研究了一维小腔体亥姆霍兹共振器的声学特性；Selamet 和 Ji（1999）研究了变截面腔体的声衰减特性及非对称亥姆霍兹共振器的吸声性能；Nagaya 等（2001）研究了二阶亥姆霍兹共振器组成的消声器；Selamet 和 Lee（2003）研究了带有伸长瓶颈的亥姆霍兹共振器的声学特性，到目前为止，人们利用亥姆霍兹共振器可以将吸声频率降至 200Hz 以下。利用亥姆霍兹共振器最常用的实例是微穿孔板吸声结构，能够较好地改善建筑声学功能，可广泛应用于吸声降噪工程，效果理想。

（三）多孔吸声机理

多孔材料的吸声机理是材料内部有大量微小的连通的孔隙，孔隙间彼此贯通形成空气通道，且通过表面与外界相通，可模拟为由固体框架间形成许多细管或毛细管组成的管道构造。当声波入射到材料表面时，一部分在材料表面被反射，另一部分则透入到材料内部向前传播，小孔中心的空气质点可以自由地响应声波的压缩和稀疏，但是紧靠孔壁或纤维材料表面的空气质点振动速度较慢，摩擦和空气的黏滞阻力，使空气质点的能量不断转化为热能，从而使声波衰减。声波在刚性壁面反射后，经过材料回到其表面时，一部分声波透射到空气中，一部分又反射回材料内部，声波通过这种反复传播，能量不断转换耗散，如此反复，直到平衡，由此使材料“吸收”了部分声能。

多孔性吸声材料的吸声性能主要受材料的厚度、密度、流阻、孔隙率、结构因子、材料后面空气层厚度、表面装饰处理和使用时的外部条件等影响。纤维吸声材料的吸声性能主要受材料的空气流阻率、孔隙率、弯曲率、黏性特征长度和热力学特征长度影响。多孔材料吸声的必要条件是：材料有大量空隙，空隙之间互相连通，孔隙深入材料内部。

二、吸声材料

吸声材料是具有较强的吸收声能、减低噪声性能的材料。由于其自身的多孔性、薄膜作用或共振作用而对入射声能具有吸收作用。常见的吸声材料有聚酯纤维吸声板、木质穿孔吸声板、水泥木丝板等。

（一）聚酯纤维吸声板

现在市场上比较常用的非木质吸声板主要是聚酯纤维吸声板，聚酯纤维吸声板是由聚酯纤维热压而成，而聚酯纤维本身是用聚对苯二甲酸乙二醇酯制成的，是当前非常普遍的一种合成纤维。聚酯纤维吸声板是一种多孔材料，材料内部有大量微小的连通的孔隙，声波沿着这些孔隙可以深入材料内部，与材料发生摩擦作用将声能转化为热能。多孔吸声材料，该种类型的吸声板吸声系数较高，吸声系数（NRC）能达到0.9以上，但是价格相对较贵。

（二）木质穿孔吸声板

穿孔板安装时，背后留有一定的空气层，板上的每个孔与其背后的空腔等效于亥姆霍兹共振器。如图1-4所示，穿孔板共振吸声结构可近视看作许多亥姆霍兹共振器的并联。

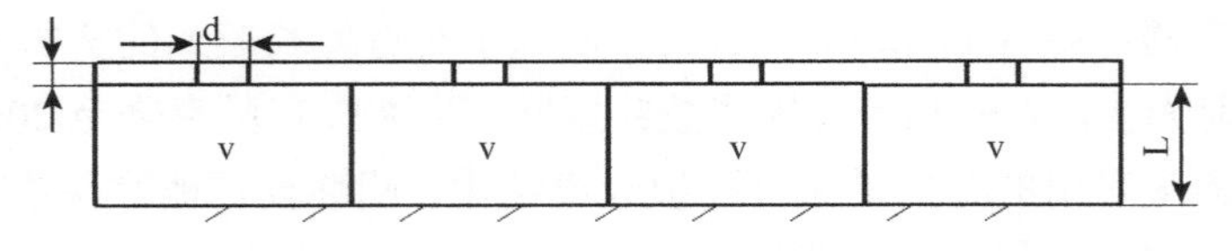

图1-4　穿孔板结构

Fig.1-4　Structure of perforated panel

d为孔径；v为空腔；L为空腔深度

当声波进入穿孔板上的小孔后，由于板后留有一定的空气层，波动引起的声压强变化刺激孔内的空气柱往复运动，使得空腔内的空气被反复压缩或膨胀，当入射声波频率与穿孔板结构固有频率相等时，孔内空气柱与空腔内空气组成的系统便发生共振。此时，系统振动最激烈，声能以最快的速度转化为热能，声能损失最多，故吸声系数达到最大值。

木质穿孔吸声板是根据声学原理加工而成，由饰面、芯材和吸声薄毡组成。木质穿孔吸声板按照表面分为孔木吸声板和槽木吸声板。孔木吸声板表面的孔有圆孔、狭条孔和微孔。孔木吸声板是一种在人造板的正面、背面都开圆孔结构的吸声材料；槽木吸声板是一种在人造板的正面开槽、背面穿孔的狭缝共振吸声材料，微孔吸声板孔径小于0.8mm，现代工艺水平打出来的孔径甚至能达到 0.02mm，通过调节打孔的疏密程度，可以大大提高木质穿孔吸声板的穿孔率，从而提高吸声性能。常见的木质穿孔吸声板基材可分为中密度纤维板、胶合板、定向刨花板（欧松板）、普通刨花板以及集成指接板等。其中尤以中密度纤维板为基材的木质穿孔吸声板应用最为广泛，累计市场使用量超过了 800 万 m^2。

木质穿孔装饰吸声板一方面表面美观富有装饰效果，另一方面又具有良好的吸声特性。通过穿孔率、空腔以及填充吸声材料的变化，获得声学设计所需的吸声频率特性，而且价格也比较经济。目前该板已成为室内装饰中广泛使用的装饰材料。木质穿孔装饰吸声板特别适用于音乐厅、影剧院、电影院、多功能厅、广播录音室、专业吸声室、歌舞厅、法院、审判庭厅以及体育馆等有声学设计要求的工程装修。

（三）水泥木丝板

水泥木丝板属于环保型绿色建材，是由水泥作为交联剂、木丝作为纤维增强材料，加入部分添加剂所压制而成的板材。水泥木丝板从20世纪40年代开始在欧洲广泛应用，目前已成为国际上应用范围很广的建筑材料。它实用性广、性能优异，不但具有一定的吸声效果，而且有耐腐，耐热，耐蚁蚀，易加工，与水泥、石灰、石膏配合性好，绿色环保等多种优点。现在，荷兰、芬兰、德国、奥地利、俄罗斯等国家已经形成了不少此类板材的专项制造公司以及专业设备制造厂家：而国内上海、南京、北京等地区近几年才开始使用。目前，木丝板的用途如下：公共场所的吸声与装饰，如影剧院、体育馆、会议室、候车室等；用于消音降噪，如高速公路的噪声屏障，工业降噪机房。水泥木丝板的吸声系数（NRC）一般在 0.6 左右。

主要参考文献

方丹群，王文奇. 1983. 噪声控制技术 [M]. 上海：上海科学技术出版社.
胡耐根. 2011. 噪声对生物的影响[J].科技信息，（25）：131-132.
霍瑜姝，王聪，李鸾妹. 2010. 噪声危害与治理[J].企业技术开发，29（7）：81-85.
刘美玲. 2011. 环境噪声污染的危害与防控[J]. 科技资讯，（15）：158.
施丽莉. 2004. 低频噪声烦恼度实验室研究[D].杭州：浙江大学硕士学位论文：9.
王小雪，刘群，程钟书. 2010. 浅析吸声降噪材料[J]. 网络财富，（15）：205.
张立，盛美萍. 2005. 低频宽带共振吸声结构与原理[J].陕西师范大学学报（自然科学版），33（2）：59-61.
张彦，周心艳，李旭祥. 1996. 发泡聚合物-无机物复合吸声材料的研究[J].噪声振动与控制，（3）：33-35.
Dickey N S，Selamet A. 1996. Helmholtz resonators：One-dimensional limit for small cavity

length-to-diameter ratios[J].Journal of Sound and Vibration，195：512-517.

Nagaya K，Hano Y，Suda A. 2001. Silencer consisting of two-stage Helmholtz resonator with auto-tuning control[J].Journal of the Acoustical Society of America，110：289-295.

Selamet A，Ji Z L. 1999. Acoustic attenuation performance of circular expansion chambers with extended inlet/outlet[J]. Journal of Sound and Vibration，233：197-212.

Selamet A，Lee I. 2003. Helmholtz resonator with extended neck[J]. Journal of the Acoustical Society of America，113：1975-1985.

第二章　国内外研究现状

第一节　国内研究状况

一、木质吸声材料的国内研究状况

我国的木质吸声材料近年来得到了迅速的发展，据统计，我们每年的木质吸声材料产量达到1000万m^2以上，木丝板、轻质纤维板和木质穿孔吸声板是目前应用较为普遍的吸声材料。轻质纤维板是密度在0.4g/cm^3以下的纤维板，因为该产品密度低且具有多孔性，具有良好的吸声和隔热性能，主要用于高级建筑的吸声结构。

对于木质穿孔吸声板的使用可以追溯到20世纪50～60年代，那时候一般用胶合板及硬质木纤维板穿孔作为装饰吸声板，这些板比较薄，采用刷漆装饰，表面比较单调，而且硬质木纤维板受潮会发生翘曲变形，装饰效果比较差，现在已经很少使用。大约在20年前，一些室内装修要求较高的建筑使用了进口木质穿孔吸声板。该板以中密度木纤维板为基板，强度高、刚度大，能经受得起一定的碰撞。采用真木皮或用三聚氰胺（仿木皮）贴面作为装饰，正面开槽背面钻孔形成一种表面新颖别致的条形穿孔装饰板，随后国产条形穿孔装饰板很快面世并推向市场，价格也比进口板材低很多，现已成为一种室内装修广泛使用的材料。此吸声板是一种共振吸声体，其吸声特性与板的穿孔率、空腔及板后背填充的吸声材料有关。此类吸声板吸声的频带较宽，对中频的吸声能力最强，吸声系数（NRC）一般为0.4～0.6。而早期使用的吸声材料主要为植物纤维制品，如棉麻纤维、毛毡、甘蔗纤维板、木质纤维板以及稻草板等有机天然纤维材料。天然纤维材料成本低、吸声频带宽、生产简单，但其防火、防潮以及防腐性能差。随后，人们以无机多孔材料来取代天然纤维材料，发展了颗粒型、泡沫型多孔吸声材料如矿渣砖、泡沫玻璃、吸声陶瓷以及无机纤维材料。矿渣砖等材料吸声性能较差，且笨重不便使用。无机矿物纤维材料如玻璃棉等，吸声性能好，阻燃、耐腐蚀，但存在污染环境、危害健康等问题，于是，以木纤维材料为原料的吸声材料受到重视。

木质材料自身有着优良的物理性质和受人喜爱的自然视觉效果，在厅堂设计和高档装饰场所常常被优先考虑，而具有良好装饰效果的木质类吸声材料更一直被人们所关注，已成为近年来研究发展的重点。

虽然木质类吸声材料及相关功能产品极具市场前景，但目前有关木质材料吸声特性的研究还不完善，仅见个别树种木材、木基材料、定向结构刨花板、轻质麦秸板、竹木复合材、麦秸复合板、水泥木丝板等的有关报道。对木质吸声材料及其相关研究国内仍处于起步和发展阶段。

天然植物纤维是最容易获得的材料，国内早些年大量用作吸声材料使用（高玲和尚福亮，2007）。天然纤维材料具有良好的吸声性能，由于具有多孔性吸声特性，轻质纤维板具有良好的吸声降噪性能，降噪系数（noise reduction coefficient，NRC）可达到 0.7（王军锋，2013）。以往在许多建筑装饰材料中随处可见，但其防火性能低下，易燃，火灾隐患大；吸水吸湿性强，吸水膨胀率大，容易变形；抗潮能力差，容易变质；密度小，扩散能力强，容易漂浮于空气中引起污染，对人体健康危害大。因此产量逐年锐减，许多工厂都已停产。

20 世纪以来，木质吸声材料发展迅速，目前市场上较为常见的吸声材料包括木丝板、轻质纤维板和木质穿孔吸声板。据统计，我国的木质吸声材料在各种建筑装饰材料中占有相当比例，每年产量达到 1000 万 m^2 以上。在国内总体上对木质材料吸声性能的研究已比较多，陈瑞英等（1994）对福建 10 种常用木材的不同厚度、不同切面的垂直入射吸声性能进行了测试研究，结果显示吸声系数与入射声波的频率有一定的相关关系。1982 年，赵立采用驻波仪对人造板的特性和吸声性能进行了研究，结果表明材料的容重、厚度等因数的改变对板材的吸声性能有一定的影响，因此可选取适宜的制备工艺参数以得到吸声性能良好的板材，通过理论分析与实验测试相结合，结论对提高人造板的吸声效率具有一定指导意义。江贵军（2008）对 3 种常用木质人造板（MDF、胶合板和刨花板）的吸声性能进行了研究，实验表明在整个频率范围内，3 种材料的低频吸声系数非常低，基本上没有吸收效果，高频的吸声系数高一点，但平均吸声系数小于 0.2，不是理想的吸声材料。阳杰和蒋国荣（2004）研究了长纤维木绒和天然的菱镁矿粉混合压制而成的一种新型木丝板吸声性能，该木丝板具有多孔性吸声材料的特点，在板后留一定的空气层或加入玻璃棉、无纺布等吸声性能优异的多孔吸声材料，可改善整个结构的吸声性能，拓宽了木丝板的使用范围。周晓燕等（2000）研究了定向结构刨花板的吸声性能，具有典型的多孔吸声材料特点，高频吸声性能较优，相比之下，低频吸声性能较差；密度越小，吸声性能越好，密度和声波频率对吸声性能有较大的影响；除此之外，还采用驻波管法研究了轻质麦秸板的吸声性能，其吸声性能良好，且 10 倍优于传统的建筑材料（周晓燕等，2001），而且麦秸秆成本低，被作为新型建筑材料，实现变废为宝。Jiang 等（2004）以人工林木材为主要材料，用驻波管法测试了 5 种桉树（尾叶桉、尾巨桉、尾园桉、尾赤桉和大花序桉）的吸声系数。隋仲义等（2006）以 4 种不同结构的竹木复合板为基础，采用爱华集团生产的驻波管测试了它们的吸声系数，根据实验结果分析了不同结构竹木复合板材的吸声性能，总结了不同厚度竹木复合材的吸声特性。

在国内，阳杰和蒋国荣（2004）完成了新型木丝板吸声性能的测试研究，该材料具有良好的物理特性和吸声性能，在不同安装条件下，对该产品的吸声系数进行了实验室对比测试研究。周晓燕等（2001）采用驻波管法研究了轻质麦秸板的吸声性能，发现轻质麦秸板具有良好的吸声性能。陈瑞英等（1994）对杉木、马尾松等福建十种主要用材树种的法向吸声性能进行研究，表明木材法向吸声系数与声波频率的关系是有规律可循的。盛胜我等（2004）对木质装饰微孔板的声学特性进行了理论预测，导出了各项结构参数与表面声阻抗率和法向吸声系数之间的关系。

周晓燕等（2000）采用驻波管法测定了 3 种定向结构板（OSB）复合墙体的吸声系数；分析了用定向结构板装饰内墙或用定向结构板复合墙体作内隔墙的房间的吸声量及混响时间，并与砖、混凝土结构建筑做了比较。常乐和吴智慧（2011）采用驻波管法测试了挤压法生产的空心刨花板与平压法生产的实心刨花板在不同试验条件下的吸声系数，并探讨了材料结构、孔隙率、表面处理等因素对吸声性能的影响。

东北林业大学相关科研人员对实木、胶合板、刨花板、纤维板等自身吸声特性及影响因素进行了研究，发现几种木材材料吸声能力的大小顺序为纤维板＞胶合板＞刨花板＞实木，该研究仅用驻波管法对几种木质材料的吸声能力进行了测试，没有涉及专用的木质吸声材料，但是也为研发木质吸声材料提供了一定的科学依据。

二、穿孔板吸声结构的国内研究现状

声学理论在物理学和数学基础上不断发展和完善，在声学理论的研究和完善过程中，穿孔板的研究也取得一定的成果。穿孔板结构可近似看成许多亥姆霍兹共振器有规律地排列组合在一起，假设穿孔板结构为刚体，即在振动过程中空腔壁面不会发生变形而使空腔体积发生改变。基于亥姆霍兹共振器原理，田汉平（2005）通过振动方程求解出穿孔板的共振频率、品质因数、频带宽度的一般表达式，为设计、制作理想的穿孔板吸声结构奠定了理论基础。受本身结构的限制，穿孔板的吸声性能有一定的局限性，为了得到更好的吸声效果，一系列组合吸声结构应运而生，在穿孔板背面紧贴吸声薄层时可改善穿孔板的吸声性能（盛胜我，2003）。盛美萍等（2007）研究在穿孔板的孔内插入软管，形成基于亥姆霍兹共振吸声机理、吸声频带宽的新型共振吸声结构。吕亚东等（2011）研究了一种新型耦合吸声结构，即在穿孔板背后接入柔性管束，由于复合结构集具两种结构的优点，从而使得这种吸声结构吸声系数要比传统穿孔板共振吸声结构的大，吸声频带也要比传统穿孔板共振吸声结构的宽。

我国木质穿孔吸声板的使用开始于19世纪50～60年代，当时使用厚度为3～9mm的胶合板及硬质纤维板加工成穿孔板使用，由于板材的厚度有限，为了满足强度和刚度的要求，穿孔率受到了限制。到90年代初期，一些室内声环境要求较高的建筑，引进了国外的木质穿孔吸声板作为吸声装饰材料，这类板材结构设计新颖，吸声性能优异；表面装饰材料多样化，给人以舒适美观的感觉。为国内木质穿孔吸声板的发展提供了参考。

然而，针对木质穿孔吸声板的研究依然比较少，东北林业大学的博士学位论文采用驻波管测试和有限元仿真（侯清泉，2012），以中密度纤维板为基材，对影响木质穿孔吸声板吸声系数的相关因素进行了探讨。由于驻波管在测试时试件尺寸小，而且测得的是垂直入射吸声系数，与实际值存在一定误差。台湾研究人员采用混响室法测试穿孔率、板厚及背贴材料等因素对花旗松穿孔板与竹木复合半穿孔板吸声特性的影响（蔡冈廷和赖荣平，2009），结果表明，在特定的范围内，各因子不同水平对穿孔板吸声性能的影响呈现一定的规律。除此之外，未见更多关于木质穿孔吸声板的研究。

为了得到具有更佳吸声效果的穿孔板，在马大猷（1997）提出的微穿孔板声学理论的指导下，薛茂等（2002）以微穿孔板吸声体的精确理论为基础，采用声电类比，通过计算机模拟仿真来研究和求解微穿孔板的声阻抗，从而推导出微穿孔板吸声结构具有较好的吸声效果。

为了达到一定的强度要求，需要用厚度来弥补因开孔导致的强度下降。根据著名声学专家马大猷（2002）提出的微穿孔板理论，随着板厚的增加，相应的声阻抗也会发生变化，一定程度上削弱了材料的吸声性能。因此，为改善厚微穿孔板的吸声性能，何立燕等（2010）通过对变截面孔厚微穿孔板吸声性能的研究，发现与直通孔厚微穿孔板相比，阶梯孔的厚微穿孔板声阻抗一定程度上有所减小，从而使得更多声波能进入穿孔板吸声结构，更多的声能在振动过程中转化成其他形式的能，从而提高吸声性能。但是，形状不规则、截面不等的阶梯孔在加工中难以实现。为此，可在直通孔中加入特定介质，有利于提高平均吸声系数（何立燕等，2009）。

穿孔板结构的吸声能力很大程度上取决于安装方式，合理利用安装结构，有利于吸声性能的提高。钟祥璋（2008）采用单因子分别对木质装饰穿孔板吸声结构进行了试验研究。结果表明，安装时选取适当穿孔板背后空腔深度，吸声性能可在一定程度上得到改善。刘秀娟和蒋伟康（2010）采用声电类比法求得非等厚吸声结构的吸声系数，并用计算机软件仿真和驻波管测试相比较，结果可靠、吻合良好。因此可以准确计算安装所需空腔结构，根据不同的位置和不同的吸声需求，合理配置空腔深度。有时受空间位置的限制，板后空腔达不到理论计算值，为解决这一问题，蔺磊等（2010）通过研究发现，在微穿孔背后空腔的内侧边缘贴上合适的吸声材料，可以增加整个结构的声顺，从而改变结构的声阻。因此，当穿孔板受安装空间局限时，可采用吸声材料来弥补空腔不足造成的吸声性能减弱。

国内已有大量吸声板材的相关研究的报道，但产品主要集中在石膏或水泥类吸声板，而尚未有对木质穿孔装饰板的系统研究。尽管在国内市场上有该类产品出现，多数都是模仿生产，没有掌握木质穿孔吸声板的核心原理和关键技术，吸声性能的检测也没有相关标准，吸声性能是否符合要求更不确定。

三、纤维吸声材料的国内研究状况

天然纤维：针对天然纤维，国内外研究主要集中在麻纤维、椰子壳纤维、木棉纤维、废旧茶纤维和羊绒纤维等纤维材料上。徐凡等（2008，2009）和张辉等（2009）将麻纤维通过一定工艺制成纤维毡，研究纤维毡孔隙率、容重、材料厚度以及背后空腔对其吸声性能的影响。研究结果表明随着麻纤维容重、厚度、背后空腔的增加，麻纤维在中低频段的吸声性能提高。同时对比了麻纤维、涤纶、棉纤维和羊绒 4 种纤维材料的吸声性能差异。胡凤霞等（2013）通过针刺的方式，研究针刺麻纤维工艺对麻纤维无纺材料吸声性能的影响。Yang 和 Li（2012）研究不同结构的麻纤维之间吸声性能的大小，比较麻纤维与玻璃、碳纤维的吸声性能差别，同时采用 Delany-Bazley 和 Garai-Pompoli 理论计算麻纤维材料理论吸声系数的大小，结果显示理论值和试验值相关性较好。马来西亚盛产椰子，椰子（壳）纤维作为主要的农作物剩余物，其具有较好的吸声特性。也有将羊绒纤维填入微穿孔板的穿孔中，通过羊绒的填入根数来改变穿孔率，研究不同穿孔率下微穿孔板的吸声性能（李晨曦，2011）。在国内，天然纤维的吸声性能的研究主要集中在工艺条件对纤维材料吸声性能的影响，研究不同工艺条件下材料的密度、厚度、孔隙率大小对其吸声性能的影响，对声波在纤维材料中的传播特性与纤维材料参数和纤维形态的关系并没有深入研究。另外，利用吸声系数衡量吸声材料的吸声性能具有一定的局限性。因为声波传播具有一定的方向性，吸声系数只能反映入射声波和反射声波之间的能量大小关系，并没有反映其在相位上的差异，所以单纯的吸声系数并不能反映声波在纤维材料中的传播特性。

无机纤维吸声材料：无机纤维吸声材料主要包括矿棉纤维和玻璃纤维两种。玻璃纤维最早起源于20世纪30年代，钟祥璋和刘明明（2006）对玻璃纤维吸声特性做了系统的研究，随后王键和陈凌珊（2009）根据连续性方程、动力方程和气体状态方程并结合Delany-Bazley模型建立声波在玻璃纤维消声器中的三维模型，理论研究玻璃纤维直径和密度与吸声性能之间的关系。由于矿棉纤维具有良好的吸声性能，并且价格比较便宜，七八十年代被广泛应用于降低噪声。关于矿棉纤维作为吸声材料的专利报道也很多。但由于玻璃、矿棉纤维使用过程中产生大量的纤维粉尘，严重影响身体健康，所以其使用受到一定限制。

合成纤维吸声材料国内研究状况：合成聚合物纤维是指以小分子的有机化合物为原料，经加聚或缩聚反应合成的有机高分子化合物，常见的合成聚合物纤维有聚酯纤维和聚丙烯纤维。合成聚合物纤维有效地扩展了纤维吸声材料的应用。因为其强度高、弹性好，不怕虫蛀以及良好的吸声性能被广泛应用于吸声材料领域。东华大学马永喜等（2009）将两种不同细度涤纶纤维按照一定的比例混合，通过不同的针刺工艺，针刺复合形成聚合物纤维吸声材料。研究其厚度、面密度以及纤维组成对吸声性能的影响，随着较细纤维（1.56dtex）含量增加（70%），复合纤维材料的吸声性能显著提高，原因是纤维越细，形成的纤维材料的孔隙率越大，材料内部的比表面积也越大，孔隙率曲度较大，有利于声波在纤维材料中传递损失。闫志鹏和靳向煜（2007）也研究了聚酯纤维针刺无纺材料的吸声性能，从材料的厚度、针刺密度、表面粗糙度及纤维类型4方面来研究其吸声性能的影响因素。国内关于聚合物合成纤维的研究主要集中在工艺参数对其性能的影响。而国外对聚合物合成纤维的研究相对比较全面，从不同的合成聚合物纤维吸声材料类型、工艺和不同理论模型研究合成聚合物纤维吸声材料的声学特性。

现在市场上比较常用的非木质吸声板主要是聚酯纤维吸声板，聚酯纤维吸声板是由聚酯纤维热压而成，而聚酯纤维本身是用聚对苯二甲酸乙二醇酯制成的，是当前非常普遍的一种合成纤维。聚酯纤维吸声板是一种多孔材料，材料内部有大量微小的连通的孔隙，声波沿着这些孔隙可以深入材料内部，与材料发生摩擦作用将声能转化为热能。聚酯纤维吸声板属多孔吸声材料，吸声特性是随着频率的增高吸声系数逐渐增大，这意味着低频吸收没有高频吸收好。该种类型的吸声板吸声系数较高，吸声系数（NRC）能达到0.9以上，但是价格较贵。

目前，国内外对合成纤维及其制品吸声特性有较多的论述。从声学角度看，合成纤维也属于多孔性纤维材料，有很好的吸声效果。因此，应用合成纤维也是吸声材料的一个发展方向。

2002年马大猷院士在其编著的《噪声与振动控制工程手册》中给出了纤维植绒产品的吸声频谱曲线，这种材料可以作为室内装饰用贴墙布，但由于材料紧贴墙壁没有吸声空腔，吸声效果仅限于高频范围。

郑长聚等 1998 年在《环境噪声控制工程》一书中指出，合成纤维来源广泛，成本低廉，吸声性能与超细玻璃棉相近，对中、高频吸声效果很好，若选用厚为 5mm、密度为 $26kg/m^3$ 的合成化纤棉，则 5000Hz 以上的吸声系数均可达 0.54～0.99。

张邦俊和翟国庆 2001 年在编写的《环境噪声学》中给出了腈纶棉的吸声系数，在 4000Hz 时吸声系数均达最大。棉絮为 0.60、腈纶棉为 0.83。

曹孝振等 1989 年在《建筑中的噪声控制》一书中指出，当帘幕离墙体一定距离时，对中、高频具有一定的吸声效果。当离墙体 1/4 波长的奇数倍时，可获得相应频率的高吸声量。

钟祥璋（2005c）对聚酯纤维装饰板吸声性能进行研究，通过研究聚酯纤维装饰吸声板的材料特性、吸声构造、安装方式找出吸声特性。

另外，最近兴起的装饰面板和装饰布吸声产品为合成纤维纺织品的应用提供了机会。多孔材料加上这种纺织品之后可以在中频范围内使吸声系数提高 10%～20%，吸声系数最高可达 0.97，在飞机、船舶、火车、汽车等交通工具上以及剧院、会议厅、体育馆等诸多场所中，是一种理想的吸声面料。

综上所述，我国的吸声木质材料的研究仅限于单一性的材料研究，对于木质复合材料的研究还没有进行过；而合成纤维吸声材料的研究，多集中于对不同种类的合成纤维纺织品进行吸声性能的测量和分析，国外也仅限于单一性材料的研究，将木质材料和合成纤维材料进行复合，充分利用两种材料优越性能，从而制造出高性能木质吸声材料是该研究领域的一个创新。

聚合物复合纤维吸声材料：聚合物复合纤维材料一般包括两种：不同纤维之间的复合或聚合物纤维与其他基体（树脂、板材）复合。不同的纤维之间复合主要集中在天然纤维与聚合物纤维的复合、不同聚合物纤维之间复合。国内王军锋等（2013）将木纤维和聚酯纤维复合，通过异氰酸酯胶黏剂胶合，复合密度在 0.1～$0.3g/cm^3$。研究发现，木纤维-聚酯纤维复合吸声材料的吸声性能优于同等密度的聚酯纤维板，并且研究了热压工艺、材料的密度和厚度及后背空腔对吸声性能的影响。Lou 等（2005）将聚酯纤维、聚丙烯纤维废料与锯屑三者按照一定的比例混合，研究工艺参数对其吸声性能的影响。Huang 等（2012）将聚酯纤维和聚氨酯纤维按照 9∶1 混合，复合纤维材料在 4000Hz 时吸声系数可以达到 0.76。采用热压成型法制备天然纤维增强复合材料层合板和蜂窝夹芯结构，结果表明与合成纤维增强复合材料层合板和蜂窝夹芯结构进行对比，天然纤维增强复合材料层合板具有更优异的吸声性能。

第二节　国外研究状况

一、木质吸声材料的国外研究状况

在国外，对木质吸声材料的研究多集中于高速公路的隔声屏障。美国最近研发出来的一种新型吸声材料是以木质纤维经过化学处理而形成的一种喷覆式装饰材料，利用高压喷涂的原理将木质纤维和胶黏剂在空中形成一个混合体后贴在物体表面，形成一种具有吸声阻尼类似弹性体的涂层，该材料可用于各种室内吸声场合及室外隔声。

韩国研究人员 Yang 等（2003）对稻草和木材进行混合制造出一种多孔性材料，并对该材料的吸声性能做了一些研究。另外，韩国一些研究人员制造了一种阻燃吸声材料，是由黄麻、亚麻、竹丝与有机纤维混合物压制而成。德国 Freudenberg 公司研制的用于世博会虹桥机场的吸声材料，是用纤维素纤维和玻璃纤维制备而成的。

新加坡的研究人员 Chia 等（1988）研究了柳桉和白木两种热带阔叶材及其木塑复合材料的吸声性能，木塑复合材料由厚度为 7mm、直径为 28～92mm 的圆形刨花，浸渍甲基丙烯酸甲酯，在伽马射线的辐射下聚合而成，结果显示，木材及其复合材料在高频下具有较好的吸声性能，其吸声系数在 1～3kHz 内有明显提高。

Glé 等（2012）研究了由大麻植物颗粒和石灰胶黏剂制备的大麻混凝土的吸声性能，在该研究中，以不同类型的胶黏剂和不同规格的植物颗粒制备了大麻混凝土，发现该材料的吸声性能可通过合适的组分配比和优化的制备工艺提高。

一系列方法的改进推动相关研究的开展。驻波管法是最早用于测量材料吸声系数的方法，至今已有 100 多年的历史（Beranek，1988）。1977 年，Seybert 和 Ross 采用两个麦克风测试白噪声在管内的反射系数和声阻抗，将测试结果与驻波管法测试相比，实验结果吻合比较好，归纳总结实验结果，提出了声学测试中的双传声器随机激励技术，奠定了阻抗管传递函数法测试材料吸声性能的理论基础。接下来，Chung 和 Blaser（1980）在双传声器的随机激励技术基础上，通过进一步的理论分析和计算，提出了阻抗管传递函数法测试法，并进行了实验验证。1986 年，Hans 和 Mats 系统地研究了阻抗管传递函数法测试及分析计算所有可能产生误差的情况，并用数字仿真分析计算结果的可靠性。经过不断的研究与完善，与驻波管法相比，阻抗管传递函数法一次可以测试整个频率范围内各频率点的吸声系数，减少了工作量，节省大量测量时间（Lee and Joo，2004）。

关于木质吸声材料，由于森林覆盖率的锐减及限制砍伐树木，实木的运用逐渐减少，促生了各种木质复合材料的开发与利用，新加坡的研究人员，采用驻波管测试柳桉和白木通过有机胶黏剂聚合的复合材料的吸声性能，结果表明在 1000～3000Hz 频率范围内，这种新材料的吸声系数比较大，可用于这一频段噪声的吸收和控制（Chia et al.，1988）。韩国研究人员采用脲醛胶将稻草和木材纤维复合，具有良好的吸声性能，与其他木质材料相比，吸声系数可以提高 0.4～0.6（Yang et al.，2003），可代替实木作为木质建筑的用材。此外，多重性能的复合板材也应运而生，韩国研究人员还用黄麻、亚麻等与有机纤维混合压制出一种具有多重复合性能的吸声材料，经实验研究，该材料具有优异的阻燃与吸声综合性能。伊朗研究人员采用不同种类的胶黏剂和不同尺寸规格的植物颗粒制备了大麻混凝土复合材料（Roohnia et al.，2011），在研究过程中得出该材料的吸声性能随着两种材料的组分比和加工制备工艺不同而发生变化，因此可通过选取适合的组分配比和制备工艺提高吸声性能。

木质吸声材料被广泛用作建筑装饰材料。传统的木质纤维板密度较小时吸声性能较好，但是纤维容易扩散，造成环境污染；在中高密度时，纤维压制得比较密实，稳定性较好，但吸声性能大幅度下降。美国新近研发出的以木质纤维经过化学处理而形成的一种喷覆式装饰材料，利用高压喷涂原理将木质纤维和胶黏剂在空中形成一个混合体后贴在物体表面，用作装饰材料的表面喷涂物，形成一种类似弹性体的具有吸声作用的阻尼涂层，可用在家居装修及各种厅堂吸声场合。

单一的木质吸声材料很难满足现代人们对声环境的需求，木质材料和其他种类材料复合制备新的吸声材料已取得不少成果，许多成果被广泛投入到实际生产运用中。例如，韩国卡燃绿露特（DH.FUSION）生产的环保型阻燃吸声材料、西班牙 PROTASA 隔声产品单层隔声量可达 23dB、德国威达（VEDAG）集团生产的木绒吸声板等都是享誉世界的知名品牌。为了达到最佳的声效果，上海虹桥机场作为我国 2010 年典型的世博会重要建设项目，就采用了德国 Freudenberg 公司开发的新型复合吸声材料（张新月，2008）。但对于新型木质复合材料制备和开发，未来将会有更进一步的研究和探讨。

二、穿孔板吸声结构的国外研究现状

关于穿孔板吸声结构的研究，最早可追溯至 1947 年，美国人 Bolt 率先提出将穿孔板作为吸声板材使用。20 世纪 50 年代初，Ingard 在研究穿孔板后面加入一层吸声材料时，首先把穿孔板上的一个孔独立出来，理论上计算了孔中空气柱的修正长度（Ingard and Bolt，1951），进一步分析论证得出穿孔板板厚修正系数的近似计算公式（Ingard，1953）。此外，由于穿孔板孔间距不是很大，当两个相邻的孔共同振动时，两个孔之间存在一定的交互作用，Ingard（1954）还研究发现两个相邻的孔产生的声阻抗与单孔相比会有所降低。在这段时间内，Callaway 和 Ramer（1952）发现当穿孔板穿孔率低于 5%时，吸声系数随材料密度增加而增加、随穿孔率的增加而降低。当在穿孔板与背贴层之间加入空气层后，在一定范围内，穿孔板的吸声系数与空气层厚度呈正相关、与穿孔率呈负相关。到了 70 年代，有关穿孔板的研究出现了大量成果，Melling（1973）在理论上对中高强度声压作用下穿孔板的线性和非线性声阻抗进行了理论和实验研究；由于穿孔板的孔洞具有一定的深度，工作过程中会产生附加厚度，为了更加准确地计算穿孔板的厚度修正系数，Melling 使用 Fok 函数进行细致的分析计算。Sullivan 和 Croeker（1978）及 Sullivan（1979a，1979b）测量研究了穿孔率为 4.2%的穿孔板的吸声性能。1997 年，日本 Takahashi 教授提出了一个新模型，考虑了由于穿孔板表面不连续引起的衍射作用，可有效预测穿孔板共振吸声结构的吸声特性。

随着加工技术的发展，微小孔的加工容易实现且成本降低，使得穿孔板逐渐向微穿孔板方面发展。为了提高厚微穿孔板的吸声降噪能力，Sakagami 等（2008）研究变截面孔厚微穿孔板的吸声性能，通过测试研究表明，将厚微穿孔板的圆孔改为锥形孔后，厚微穿孔板的吸声性能得到改善。可用锥形孔或孔中部加有圆形凸台的阶梯孔厚微穿孔板取代直通孔厚微穿孔板，以此来减小声阻抗，提高吸声系数。

国外对吸声材料和吸声结构的研究，已经形成一套较为完善的声学理论，以此为基础进行设计、计算，不仅局限于单一材料性能的改善，而且研发了大量复合材料。在不断的突破与创新中，开发新型复合材料、设计利用新结构，将材料的吸声性能发挥到最大是未来木质吸声材料发展的必然趋势。

三、合成纤维吸声材料的国外研究状况

国外研究人员对合成纤维及其制品吸声特性也有较多的论述。

澳大利亚的 Narang（1995）发表了《聚酯纤维用于隔声吸声时的参数选择》的研究报告，研究发现聚酯纤维的吸声系数在 500～4000Hz 频率范围内可达 0.4～0.7，是较好的吸声材料。

Genis 等（1979）研究了气流纺纤维材料的吸声特性，给出了吸声系数和结构参数关系的公式，讨论了结构参数对最大吸声系数的影响。研究结果认为，纤维越细其吸声性能越好。

Shoshani（1990）在《纺织品噪声吸收》一文中讨论了纤维含量、纱线支数、纺织品紧密度对纺织品吸声性能的影响。并指出，在高频范围内，纺织品的紧度对吸声性能的影响超过了其厚度和纤维含量的影响。

Shoshani（1991）发表了题为《簇毛地毯堆积参数对其噪声吸收量的影响》，讨论了在 125～4000Hz 的频率范围内纤维含量、纤维细度、堆积密度和平均堆积高度对吸声系数的影响。同时，发现当地毯背后有空腔时吸声系数在低频到中频范围内有明显增加。

早在 20 世纪 70 年代，日本的子安胜所著的《建筑吸声材料》就讨论了纺织品、帘幕、绒毯等的吸声特性。例如，从声学角度看，帘幕作为多孔材料对高频声波有吸收作用。同时，帘幕与背后墙面可组成一个吸声腔体，会进一步产生吸声作用，这方面的部分研究结果已在子安胜的《建筑吸声材料》和马大猷院士最新版的《噪声与振动控制手册》中给出。

日本研究人员 Kino 和 Ueno（2008）测量了横截面形状为圆形、中空、扁平和三角形的聚酯纤维的表面声阻抗和非声学参数，认为横截面为圆形和中空的样品，对表面声阻抗和非声学参数影响几乎相同。

Zulkifli 等（2008）和 Fouladi 等（2010）主要从事有关椰子（壳）纤维吸声特性的研究。Zulkifli 等（2008）将多层椰子纤维填充在穿孔板后背空腔中，有效地改善椰子纤维材料的中低频吸声性能。Fouladi 等（2012）采用声波传递分析法和传递矩阵法分析椰子纤维本身以及作为穿孔板填充材料的吸声特性。有学者以废旧的茶纤维为原料，背后附织物，研究茶纤维以及背后织物对其材料吸声性能的影响（Ersoy and Kücük，2009）。

Koga 等（2006）对比聚酯纤维无纺材料和玻璃纤维材料，相同密度和厚度的聚酯纤维无纺材料和玻璃纤维材料的吸声性能相似，聚酯纤维无纺材料与玻璃纤维材料相比质量较轻，并且属于环境友好材料。Kino 和 Ueno（2007）根据 Johnson-Allard 模型研究聚酯纤维吸声特性，并研究材料的流阻、特性长度等参数与吸声性能之间的关系。

国外对聚合物复合纤维吸声材料的研究也较多，Yilmaz（2009）将麻纤维、玻璃纤维、聚氨酯纤维以及玻璃/聚氨酯复合纤维分别气流铺装成毡，按照一定的顺序针刺成多层聚合物复合纤维吸声材料，首先研究铺装层顺序、纤维形态参数、聚合物复合纤维吸声材料密度等宏观参数对材料流阻率和吸声性能的影响，建立纤维材料结构参数与声学性能之间的联系；其次研究了材料的处理工艺（热压和碱处理）对其流阻率和吸声性能

的影响。

综上所述，国外木质吸声材料的发展已由单一的木质吸声材料，向木质材料和其他种类材料复合的趋势发展，从而制造出高性能木质吸声材料。而利用新型构造形式，最大限度地发挥吸声材料的吸声性能，设计出适合各种场合需求的新结构也是未来木质吸声材料发展的一个趋势。除此以外，如何降低生产成本，使产品规模化、产品优质化及提高吸声材料的防火性能，也是今后该领域的研究重点。

综合木质吸声板和聚酯纤维吸声板的性能特点，将木质纤维和聚酯纤维进行复合，制造出轻质多孔性吸声材料，能解决低密度纤维板制造工艺复杂、环保性能低的缺陷；另外制造的复合材料在低高频方面都有较好的吸声效果，吸声系数达到 0.6。

主要参考文献

蔡冈廷，赖荣平. 2009. 花旗松穿孔构造吸声性能之研究[J].建筑学报，（68）：1-14.

常乐，吴智慧. 2011. 室内木制品用空心刨花板吸声性能的研究[J]. 南京林业大学学报（自然科学版），35（2）：56-60.

陈怀民，张明照，骆学聪，等. 2006. 声学混响室吸声测量[GB20247—2006—T][S]. 北京：中国标准出版社.

陈瑞英，王宜怀，冯德旺. 1994. 十种主要用材吸声性能的实验研究[J]. 福建林学院学报，14（4）：306-310.

杜强，贾丽艳. 2011. SPSS 统计分析从入门到精通[M]. 北京：人民邮电出版社.

杜治平. 2010. 玻璃纤维在噪声控制中的应用研究[J]. 企业技术开发（上旬刊），（A7）：82-83.

方丹群，王文奇. 1983. 噪声控制技术[M]. 上海：上海科学技术出版社.

江贵军. 2008. 木质人造板的吸声性能试验分析[J]. 林业科技，33（20）：51-53.

高玲，尚福亮. 2007. 吸声材料的研究与应用[J]. 化工时刊，21（2）：63-65.

何立燕，扈西枝，陈挺. 2010. 孔截面变化对厚微穿孔板吸声性能的影响[J]. 噪声与振动，（1）：141-144.

何立燕，徐颖，陈幸幸，等. 2009. 孔中介质对厚微穿孔板吸声性能的影响[J]. 噪声与振动，（1）：36-38.

侯清泉. 2012. 木质穿孔吸声板结构的吸声性能及模拟仿真研究[D]. 东北林业大学博士学位论文.

胡凤霞，杜兆芳，赵淼淼，等. 2013. 麻纤维汽车内饰材料的吸声性能与针刺工艺的关系[J]. 纺织学报，34（12）：45-49.

胡耐根. 2011. 噪声对生物的影响[J]. 科技信息，（25）：131-132.

霍瑜姝，王聪，李鸾姝. 2010. 噪声危害与治理[J]. 企业技术开发，29（7）：81-85.

蒋冬青，王仕. 2005. 营造安静、舒适、文明的声环境——浅谈吸声材料的类型及应用[J]. 房材与应用，33（3）：34-36.

李晨曦，徐颖，李旦望. 2011. 羊毛纤维对薄微穿孔板吸声性能的影响[J]. 西北工业大学学报，29（2）：263-267.

李思远，杨伟，杨鸣波. 2002. 降噪高分子材料及其应用[J]. 工程塑料应用，32（5）：70-73.

李伟森. 2008. 穿孔板吸声体的原理及应用[J]. 世界专业音响与灯光，6（6）：42-47.

李晓东，戴根华，林杰，等. 2004a. 声学阻抗管中吸声系数和声阻抗的测量第 2 部分传递函数法[GB/T 18696. 2—2002] [S]. 北京：中国标准出版社.

李晓东，戴根华，毛东兴，等. 2004b. 声学阻抗管中吸声系数和声阻抗的测量第 1 部分：驻波比法[GBT 18696. 1—2004] [S]. 北京：中国标准出版社.

林波艺. 2009. 噪声污染对人体的危害及防治对策[J]. 环境，（S1）：119-120.

蔺磊，王佐民，姜在秀. 2010. 吸声侧壁对微穿孔共振结构声学性能的影响[J]. 声学技术，29（4）：410-413.

刘美玲. 2011. 环境噪声污染的危害与防控[J]. 科技资讯，(15)：158.
刘秀娟，蒋伟康. 2010. 非等厚空腔微穿孔吸声结构的声学特性研究[J]. 机械科学与技术. 29（6）：755-758.
芦茹萍. 2008. 音乐录音的主观听觉评价与客观测量参数的关系[J]. 音响技术，(3)：46-48.
罗业，李岩. 2010. 天然纤维增强复合材料吸声性能研究[J]. 材料工程，(4)：51-54.
吕亚东，朱永波，程明昆，等. 2001. 加箍约束压缩机和吸声导流锥的气动声学研究[J]. 上海理工大学学报，23（3）：238-240.
马大猷. 1997. 微穿孔板吸声体的准确理论和设计[J]. 声学学报，22（5）：385-393.
马大猷. 2002. 噪声与振动控制工程手册[M]. 北京：机械工业出版社.
马永喜，王洪，靳向煜. 2009. 复合针刺非织造布的结构与吸声性能研究[J]. 非织造布，17（4）：31-34.
年洪恩，李金洪，刘同义. 2006. 矿棉吸声板的生产发展现状和展望[J]. 中国建材科技，15（1）：13-19.
彭立民，王军锋，傅峰，等. 2015. 木质纤维/聚酯纤维复合材料吸声性能的试验分析[J]. 建筑材料学报，18（1）：172-176.
彭妙颜，张承云. 2006. 人工混响的设计方法[J]. 电声技术，(1)：10-13.
乔明. 2003. 声学材料研究的进展与展望[J]. 山西建筑，29（1）：103-104.
盛美萍，张立，张会萍. 2007. 插入软管的低频宽带共振吸声机理与实验研究[J]. 振动工程学报，20(2)：145-148.
盛胜我，宋拥民，王季卿. 2004. 微穿孔平板式空间吸声体的理论分析[J]. 声学学报，29（4）：303-307.
盛胜我. 2003. 穿孔板背面紧贴吸声薄层时的声学特性[J]. 声学技术，15（16）：52-54.
施丽莉. 2004. 低频噪声烦恼度实验室研究[D]. 浙江大学硕士学位论文：9.
隋仲义，唐伟，王春明，等. 2006. 竹木复合材吸声性能研究[J]. 林业机械与木工设备，34（3）：13-15.
田汉平. 2005. 穿孔板吸声结构的频率特性分析[J]. 淮北师范大学学报（自然科学版），26（1）：37-39.
王键，陈凌珊. 2009. 玻璃纤维对消声器消声性能的影响[J]. 上海工程技术大学学报，23（3）：198-201.
王军锋，彭立民，傅峰，等. 2013. 木纤维-聚酯纤维复合吸声材料的制备工艺及其吸声性能[J]. 木材工业，27（6）：41-44.
王军锋. 2013. 木质纤维/聚酯纤维复合纤维材料的研究[D]. 南京林业大学硕士学位论文.
王祥永. 2004. 木质环境科学[M]. 台湾："国立"编译馆.
王玉明. 2009. 高分子功能材料吸声机理研究[D]. 哈尔滨工程大学水声工程学院硕士学位论文：4-6.
向海帆，赵宁，徐坚. 2011. 聚合物纤维类吸声材料研究进展[J]. 高分子通报（5)：1-9.
徐凡，张辉，张华. 2009. 大麻纤维絮片吸声性能研究[J]. 非织造布，(1)：28-30.
徐凡，张辉，张新安. 2008. 大麻纤维的吸声性能研究[J]. 纺织科技进展，(5)：75-78.
薛茂，王晓宁，赵晓丹. 2002. 微穿孔板吸声结构计算及其应用[J]. 江苏大学学报（自然科学版），23（5)：44-48.
闫志鹏，靳向煜. 2007. 聚酯纤维针刺非织造材料的吸声性能研究[J]. 产业用纺织品，24（12）：13-16.
阳杰，蒋国荣. 2004. 新型木丝板吸声性能的测试研究[J]. 声频工程，(5)：12-14.
张邦俊，翟国庆. 2001. 环境噪声学[M]. 杭州：浙江大学出版社.
张辉，徐凡，张新安. 2009. 大麻织物吸声性能研究[J]. 青岛大学学报（工程技术版），24（1）：66-70.
张立，盛美萍. 2005. 低频宽带共振吸声结构与原理[J]. 陕西师范大学学报(自然科学版)，33(2)：59-61.
张新安. 2006. 聚酯机织物吸声性能研究[J]. 高分子通报，(10)：52-58.
张新月. 2008. 世博会上的完美声效虹桥机场应用 Freudenberg 新吸声材料[J]. 纺织材料周刊，(28)：37.
张彦，周心艳，李旭祥. 1996. 发泡聚合物-无机物复合吸声材料的研究[J]. 噪声振动与控制，(3)：33-35.
张洋. 2003. 麦秸/聚氨酯复合人造板的工艺对其吸声系数的影响研究[J]. 林产工业，30（5）：25-27.
赵立. 1982. 影响人造板吸声效率因素的研究[J]. 北京林业大学学报，(3)：156-166.
郑长聚. 2000. 环境工程手册[M]. 北京：高等教育出版社.
钟祥璋，刘明明. 1988. 吸声泡沫玻璃的吸声特性[J]. 新型建筑材料，(3)：27.

钟祥璋，刘明明. 1992. 塑料薄膜对多孔材料吸声性能影响的实验研究[J]. 噪声与振动控制，(4)：38-40.
钟祥璋. 2005a. 玻纤装饰板的吸声特性[J]. 声频工程，(12)：8-11.
钟祥璋. 2005b. 建筑吸声材料与隔声材料[M]. 北京：化学工业出版社.
钟祥璋. 2005c. 聚酯纤维装饰板吸声性能的实验研究[J]. 声频工程，(10)：10-14.
钟祥璋. 2008. 本质穿孔装饰吸声板及其应用[J]. 音响技术，(8)：27-30.
钟祥璋，刘伯伦. 1990. 离心法超细玻璃棉管套吸声性能的研究[J]. 应用声学，11（2）：24-28.
周海燕. 2002. 新型声屏障材料泡沫陶瓷[J]. 环境保护科学，28（112）：42-44.
周晓燕，华毓坤，朴雪松. 2000. 定向结构板复合墙体吸声性能的研究[J]. 南京林业大学学报（自然科学版），24（1）：23-26.
周晓燕，华毓坤. 2000. 定向结构刨花板的吸声性能研究[J]. 林产工业，27（3）：27-28.
周晓燕，李键，田海富. 2001. 轻质麦秸板吸声性能的测定[J]. 林业科技开发，15（6）：23-24.
Ballagh K O. 1996. Acoustical properties of wool[J]. Applied Acoustics，48（2）：101-120.
Beranek L L. 1988. Noise and vibration control[J]. Institute of Noise Control Engineering Revised Ed，33（1）：1972-1973.
Biot M A. 1956a. Theory of propagation of elastic waves in a fluid-saturated porous solid I. Low-frequency range[J]. Journal of the Acoustical Society of America，28：168-178.
Biot M A. 1956b. Theory of propagation of elastic waves in a fluid-saturated porous solid II. Higher frequency range[J]. Journal of the Acoustical Society of America，28：179-191.
Black F. 1986. Noise[J]. The Journal of Finance，41（3）：529-543.
Callaway D B，Ramer L G. 1952. The use of perforated facings in designing low frequency resonant absorbers [J]. Journal of the Acoustical Society of America，(24)：309-312.
Champoux Y，Allard J F. 1991. Dynamic tortuosity and bulk modulus in air-saturated porous media[J]. Journal of Applied Physics，70：1975-1979.
Champoux Y，Stinson M R，Daigle G A. 1991. Air-based system for the measurement of porosity[J]. Journal of the Acoustical Society of America，89：910-916.
Chia L H L，Teoh S H，Tharmaratnam K，et al. 1988. Sound absorption of tropical woods and their radiation-induced composites[J]. Radiat. Phys. Chem，32（5）：677-682.
Chung J Y，Blaser D A. 1980. Transfer function method of measuring in-duct acoustic properties. I. Theory[J]. Journal of the Acoustical Society of America，68（3）：914-921.
Delany M E，Bazley E N. 1970. Acoustical properties of fibrous absorbent materials[J]. Applied Acoustics，3（2）：105-116.
Dickey N S，Selamet A. 1996. Helmholtz resonators：One-dimensional limit for small cavity length-to-diameter ratios[J]. Journal of Sound and Vibration，195：512-517.
Ersoy S，Kücük H. 2009. Investigation of industrial tea-leaf-fiber waste material for its sound absorption properties. Applied Acoustics，70（1）：215-220.
Fouladi M H，Nor M J M，Ayub M，et al. 2010. Utilization of coir fiber in multilayer acoustic absorption panel [J]. Applied Acoustics，71（3）：241-249.
Genis A V, Fil'Bert D V, Sindeev A A, et al. 1979. Fibre cooling conditions as a factor in the properties of the fibrous lap in air-jet spinning from a polypropylene melt[J]. Fibre Chemistry, 11(2)126-127.
Fouladi M H，Nor M J M，Ayub M，et al. 2012. Enhancement of coir fiber normal incidence sound absorption coefficient[J]. Journal of Computational Acoustics，，20（1）：1-15.
Glé P，Gourdon E，Arnaud L. 2012. On the acoustical properties of hemp concrete[C]// Internoise 2012，New York，117：243-266.
Hans B，Mats A. 1986. Influence of errors on the two-microphone method for measuring acoustic properties in ducts [J]. Journal of the Acoustical Society of America，79（2）：541-549.
Huang C H，Li T T，Chuang Y C，et al. 2012. The primary study on polyester/polypropylene sound-absorption

nonwoven fabric[J]. Advanced Materials Research，554：136-139.

Ingard U，Bolt R H. 1951. Absorption characteristics of acoustic material with perforated facings [J]. Journal of the Acoustical Society of America，23（5）：533-540.

Ingard U. 1954. Perforated facing and sound absorption [J]. Journal of the Acoustical Society of America，26（2）：151-154.

Ingard U. 1953. On the theory and design of acoustic resonators [J]. The Journal of Acoustical Society of America，25（6）：1037-1061.

Jiang Z H，Zhao R J，Fei B H. 2004. Sound absorption property of wood for five eucalypt species[J]. Journal of Forestry Research，15（3）：207-210.

Johnson D L，Koplik J，Dashen R. 1987. Theory of dynamic permeability and tortuosity in fluid-saturated porous media[J]. Journal of Fluid Mechanics，176：379-402.

Kino N，Ueno T. 2007. Improvements to the Johnson–Allard model for rigid-framed fibrous materials[J]. Applied Acoustics，68（11）：1468-1484.

Kino N，Ueno T. 2008. Evaluation of acoustical and non-acoustical properties of sound absorbing materials made of polyester fibres of various cross-sectional shapes[J]. Applied Acoustics，69（7）：575-582.

Koga S，Fujimoto K，Anai K. 2006. Sound absorbing material made of polyester nonwovens[J]. The Journal of the Acoustical Society of America，120（5）：3147.

Kosuge K，Takayasu A，Hori T. 2005. Recyclable flame retardant nonwoven for sound absorption；RUBA®[J]. Journal of Materials Science，40（20）：5399-5405.

Lee Y E，Joo C W. 2004. Sound absorption properties of thermally bonded nonwovens based on composing fibers and production parameters [J]. Journal of Applied Polymer Science，92（4）：2295-2302.

Lou C W，Lin J H，Su K H. 2005. Recycling polyester and polypropy lenenon wovenselvages to produce functional sound absorption composites[J]. Textile Research Journal，75（5）：390-394.

Melling T H. 1973. The acoustic impedance of perforates at medium and high sound pressure levels [J]. Journal of Sound and Vibration，29（1）：1-65.

Miki Y. 1990. Acoustical properties of porous materials–generalizations of empirical models[J]. Journal of the Acoustical Society of America，（E1）：25-28.

Nagaya K，Hano Y，Suda A. 2001. Silencer consisting of two-stage Helmholtz resonator with auto-tuning control[J]. Journal of the Acoustical Society of America，110：289-295.

Narang P P. 1995. Material parameter selection in polyester fibre insulation for sound transmission and absorption[J]. Applied Acoustics，45（4）：335-358.

Roohnia M，Tajdini A Manouchehri N. 2011. Assessing wood in sounding boards considering the ratio of acoustical anisotropy[J]. Applied Acoustics，44（1）：249-259.

Roohnia M，Tajdini A，Manouchehri N. 2011. Assessing wood in sounding boards considering the ratio of acoustical anisotropy[J]. Ndt& E International，44（1）：13-20.

Sakagami K，Morimoto M，Yairi M，et al. 2008. A pilot study on improving the absorptivity of a thick microperforated panel absorber[J]. Applied Acoustics，69（2）：179-182.

Selamet A，Ji Z L. 1999. Acoustic attenuation performance of circular expansion chambers with extended inlet/outlet[J]. Journal of Sound and Vibration，233：197-212.

Selamet A，Lee I. 2003. Helmholtz resonator with extended neck[J]. Journal of the Acoustical Society of America，113：1975-1985.

Seybert A F，Ross D F. 1977. Experimental determination of acoustic properties using a two-microphone random-excitation technique[J]. Journal of the Acoustical Society of America，62（S1）：1362-1370.

Shoshani Y Z，Wilding M A. 1991. Effect of pile parameters on the noise absorption capacity of tufted carpets[J]. Textile Research Journal，61（12）：736-742.

Shoshani Y，Rosenhouse G. 1990. Noise absorption by woven fabrics[J]. Applied Acoustics，30（4）：321-333.

Sullivan J W，Crocker M J. 1978. Analysis of concentric-tube resonators having unpartitioned cavities [J]. The Journal of Acoustical Society of America，64（1）：207-215.

Sullivan J W. 1979a. A method for modeling perforated tube muffler components. I. Theory [J]. The Journal of Acoustical Society of America，66（3）：772-788.

Sullivan J W. 1979b. A Method for Modeling Perforated Tube Muffler Components. II. Applications [J]. The Journal of Acoustical Society of America，66（3）：779-788.

Takahashi. 1997. A new method for predicting the sound absorption of perforated absorber systems [J]. Applied Acoustic，51（1）：71-84.

Wassilieff C. 1996. Sound absorption of wood-based materials[J]. Applied Acoustics，48（4）：339-356.

Xiang H，Wang D，Liua H. 2013. Investigation on sound absorption properties of kapok fibers[J]. Chinese Journal of Polymer Science，31（3）：521-529.

Yang H S，Kim D J，Kim H Y J. 2003. Rice straw wood particle composite for sound absorbing wooden construction materials[J]. Bioresource Technology，86（2）：117-121.

Yang W D，Li Y. 2012. Sound absorption performance of natural fiber sand their composites [J]. Science China Technological Sciences，55（8）：2278-2283.

Yilmaz N D. 2009. Acoustic properties of biodegradablen onwovens[M]. North Carolina：North Carolina State University Raleigh.

Zhang L J，Liu Y，Feng J X，et al. Sound-absorbing panel[P]：CN2015105405704，E01F8/00. 2015（2015-08-28）

Zulkifh R，Nor M J M，Tahir M F M，et al. 2008. Acoustic properties of multi-layer coir fibres sound absorption panel [J]. Journal of Applied Sciences，8（20）：3709-3714.

Zwikker C，Kosten C W. 1949. Sound Absorbing Materials[M]. NewYork：Elsevier.

第三章 木质声学材料的评价与测试方法

材料吸声性能主要由吸声系数的高低来表示。吸声系数是指声波入射在物体表面发生反射时，其能量被吸收的比率（%），用 a 来表示，a 值越大，材料吸声性能越好。通常采用 125Hz、250Hz、500Hz、1000Hz、2000Hz 和 4000Hz 6 个倍频程中心频率处吸声系数的算术平均值（平均吸声数）来表示材料的吸声能力。日常生活中的许多材料都对声能具有一定的耗散作用，但只有当材料的平均吸声数大于 0.2 才可称为吸声材料。常用的吸声系数有法向入射吸声系数和无规则入射吸声系数两种。法向入射吸声系数一般由驻波管法和传递函数法测定，表示声波法向入射到材料表面的特殊情况，多在研究材料吸声性能时采用。无规则入射吸声系数由混响室法测得，反映声波从各个方向以相同的概率入射到材料表面时的吸声系数，比较接近实际情况。材料在不同频率下会有不同的吸声系数，可采用吸声系数频率特性曲线来描述材料在不同频率的吸声性能。目前，材料吸声系数的测定主要有 3 种方法：驻波管法、传递函数法和混响室法。

第一节 驻 波 管 法

测试管一端的扬声器发出一个单频声波，向管内辐射声波，声波沿管道传播，在试件端产生反射波，反射波的强度和相位与试件的声学特性有关。反射波与入射波相加，在管内形成驻波声场，沿管轴方向出现声压极大与极小的交替分布。利用可移动的探管传声器接收声压信号，根据声压极大值与极小值的比值（驻波比）确定材料的垂直入射吸声系数。国标 GBJ88—1985《驻波管法吸声系数与声阻抗率测量规范》对驻波管法测量吸声系数的测试条件进行了相应的规定。

第二节 传递函数法

声源在管中产生平面波，在靠近样品的两个位置上测量声压，求得两个传声器信号的声传递函数，以此计算得到材料的法向入射吸收系数和表面声阻抗。传递函数法较驻波管法更为快捷和先进。国际标准 ISO10534—2 和国标 GB/T18696.2—2002《声学 阻抗管中吸声系数和声阻抗的测量》第 2 部分：传递函数法，对传递函数法测量吸声系数的测试条件进行了相应的规定。

第三节 混 响 室 法

在混响室中测量材料的无规则入射吸声系数。混响时间的测量以中心频率的 1/3 倍频程序列测定空室的混响时间和放入材料后的混响时间。通过计算混响时间的衰变曲线，确定声音无规则入射时的吸声系数。国际标准 15054：1985《声学混响室中声吸收的测量》对混响室法测量吸声系数的测试件进行了相应的规定。混响室法测量的是声波无规则入射时，即声音由不同方位入射材料时能量损的比例，而驻波管法和传递函数法测量的是声波正入射时的吸声系数，入射度为 90° 。这两种方式测量的吸声系数有所不同，工程上常使用的是混响室测量的吸声系数，因为实际应用中声音入射都是无规则的。测量报告中会出现声系数大于 1 的情况，这是由于测试条件等造成的。理论上任何材料吸收的能不可能大于入射声能，吸声系数永远小于 1。任何大于 1 的吸声系数，在实际声学工程计算中都不能按大于 1 使用，最多按 1 进行设计。

需要说明的是，本书所涉及的吸声系数，除特别说明是混响室法系数以外，一般都是指驻波管法或传递函数法测定的法向入射吸声系数。

第四节　阻抗管法与混响室法原理概述

标准的声学测量中材料吸声系数的测试包括材料的垂直入射吸声系数（α_n）和随机入射吸声系数（α_r）测试，传统垂直入射吸声系数主要采用驻波管法测试，但是其测试过程复杂；阻抗管传递函数法由于操作简便，取代了驻波管法，测试时被测试件安装在阻抗管的一端，另一端的声源发出声波，声波激励安装在阻抗管上距离声源和试件不同距离位置传声器上，根据两传声器间的传递函数即可算出材料的吸声系数。随机入射吸声系数采用混响室法测试，测试放入试件前后的混响时间，即可根据相应公式算出吸声系数。两种方法测试时频率范围和试件规格如表 3-1 所示。

表 3-1　两种方法测试频率范围和试件规格

Table 3-1　Frequency range and specimen specification of the two methods

方法	测试频率/Hz	试件尺寸规格
阻抗管传递函数法	100～1600	圆形：直径ϕ100mm
	1000～5000	圆形：直径ϕ30mm
混响室法	100～5000	矩形：长×宽=4200mm×2400mm

一、阻抗管传递函数法原理

阻抗管传递函数法测试时，试件和传声器的安装位置示意图如图 3-1 所示。

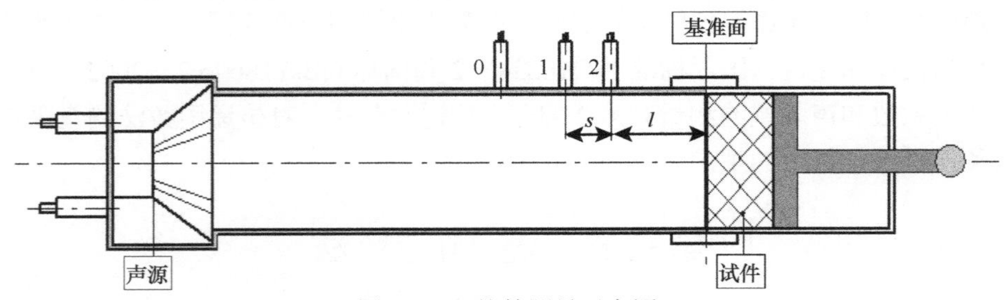

图 3-1　阻抗管测量示意图

Fig.3-1　Schematic diagram of impedance tube measurements

s 为 1，2 两个传声器中心位置之间的距离（mm）；l 为传声器 2 的中心位置与基准面之间的距离（mm）

阻抗管一端声源发出的声波在阻抗管内形成驻波，故阻抗管内在距离基准面 x 处的入射波声压可表示为

$$p_i = P_I e^{jk_0 x} \tag{3-1}$$

式中，P_I 为入射声波在基准面上的声压幅值（Pa）；k_0 为波数；j 为复数。

当声源发出的入射声波经管内空气介质传播到达试件端面（基准面）后，部分声波被反射回来，在距离基准面 x 处反射波声压可表示为

$$p_r = P_R e^{-jk_0 x} \tag{3-2}$$

式中，P_R 为基准面上反射声波的声压幅值（Pa）。

如图 3-1 所示，在声源发出的入射声波和反射声波共同作用下，位置 1 和位置 2 的两个传声器处的声压分别为

$$p_1 = P_I e^{jk_0(s+l)} + P_R e^{-jk_0(s+l)} \tag{3-3}$$

$$p_2 = P_I e^{jk_0 l} + P_R e^{-jk_0 l} \tag{3-4}$$

式中，s 为 1、2 两个传声器中心位置之间的距离（mm）；l 为传声器 2 的中心位置与基准面之间的距离（mm）。

入射波的传递函数 H_i 为

$$H_i = \frac{p_{2i}}{p_{1i}} = e^{-jk_0 s} \tag{3-5}$$

式中，P_{2i} 为传声器 2 的入射声压；P_{1i} 为传声器 1 的入射声压。

反射波的传递函数 H_r 为

$$H_r = \frac{p_{2r}}{p_{1r}} = e^{jk_0 s} \tag{3-6}$$

总声场的传递函数 H_{12} 根据式（3-5）和式（3-6）得到

$$H_{12} = \frac{p_2}{p_1} = \frac{e^{jk_0 l} + re^{-jk_0 l}}{e^{jk_0(s+l)} + re^{-jk_0(s+l)}} \tag{3-7}$$

并有 $P_R = rP_I$，r 为反射系数，将 H_i、H_r 代入可得

$$r = \frac{H_{12} - H_i}{H_r - H_{12}} e^{j2k_0(s+l)} \tag{3-8}$$

由式（3-8）可知，反射系数 r 可通过测得的传递函数，距离 s、l 和波数 k_0 确定。因此，垂直入射吸声系数 α_n 可按式（3-9）计算得到：

$$\alpha_n = 1 - |r|^2 \tag{3-9}$$

二、混响室法原理

混响室法测试吸声系数设备系统图如图 3-2 所示，测试得到的吸声系数称为随机入射吸声系数。

随机入射吸声系数是根据混响室内有无一定面积的试件时声音的衰减时间差值来

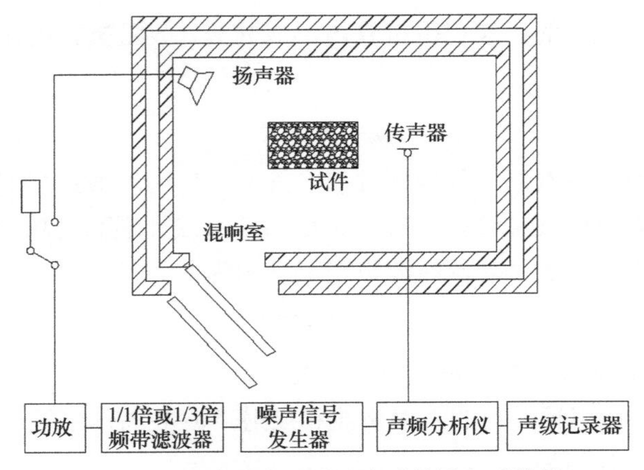

图 3-2 混响室法测试吸声系数设备系统图

Fig.3-2 The equipment system diagram of reverberation room test the sound absorption coefficient

计算得出。声源停止发声后，混响室内声密度随时间变化的变化规律如下：

$$D(t)=D_0\exp-\frac{c_0S}{4V}[-\ln(1-\bar{\alpha})]t-kc_0t \tag{3-10}$$

式中，D_0为声源停止发声初始时刻混响室内的声密度（W/m^3）；S为混响室内表面积（m^2）；V为混响室体积（m^3）；c_0为空气中的声速（m/s）；k为空气中声能衰减系数；$\bar{\alpha}$为混响室内墙面的平均吸声系数；t为时间（s）。

由于混响室是各表面不相互平行的不规则房间，因此，混响室内表面的平均吸声系数由各个表面吸声系数加权平均。

$$\bar{\alpha}=\frac{\Sigma\alpha_iS_i}{S} \tag{3-11}$$

式中，S_i为混响室i面的表面积（m^2）；α_i为混响室内墙面S_i对应的吸声系数。

$\alpha_iS_i=A_i$表示吸声量，混响室的总吸声量$A=S\bar{\alpha}$，当$\bar{\alpha}$远远小于1时，$\ln(1-\bar{\alpha})\approx\bar{\alpha}$，所以混响时间为

$$T_1=\frac{55.3V}{(S\bar{\alpha}+4kV)c_0} \tag{3-12}$$

当在混响室内放入面积为S_m被测试件时，声速和声能衰变系数几乎不变，此时，混响时间为

$$T_2=\frac{55.3V}{[(S-S_m)\bar{\alpha}+S_m\alpha_s+4kV)]c_0} \tag{3-13}$$

在测试频率范围内，$4kV$值很小，可忽略不计。故吸声系数可按式（3-14）计算得出：

$$\alpha=\frac{55.3V}{c_0S_m}\left(\frac{1}{T_2}-\frac{1}{T_1}\right) \tag{3-14}$$

式中，α为吸声系数；V为混响室容积（m^3）；S_m为试件面积（m^2）；T_1为放入试样时混响时间（s）；T_2为未放入试样时混响时间（s）；c_0为空气中的声速（m/s），c_0=331.5+0.61t，t为空气中的温度（℃）。

第四章　木质穿孔吸声板的研究

驻波管在测试材料的方法中逐渐被淘汰，现在的主流测试方法为阻抗管传递函数法和混响室法。市场上虽然有大量的木质穿孔吸声板产品，但多数都是模仿现有产品进行生产加工，关于木质穿孔吸声板的研究比较少，目前还没有相关的行业标准或国家标准对木质穿孔吸声板的吸声性能作出相关的要求和评价。本章采用比较先进的阻抗管传递函数法和通用混响室法研究木质穿孔吸声板的吸声性能，结果具有说服性，并为木质穿孔吸声板的进一步研究和相关产品的设计提供参考和指导。

第一节　木质穿孔吸声板参数的选择

一、材料与方法

实验材料为同一批次的中密度纤维板（MDF），含水率 8.5%，密度约为 720.0kg/m^3（板厚 10mm，密度为 723.0kg/m^3；板厚 15mm，密度为 719.0kg/m^3；板厚 20mm，密度为 717.0kg/m^3）。购置于北京森然木业有限公司。

板厚：板材来源于企业，选择厚度为常用成品，厚度分别为 t_1=10mm；t_2=15mm；t_3=20mm。

孔径：普通吸声穿孔板孔径要求为 1～10mm，而 1～2mm 孔径较小，钻孔加工过程难以实现，成本高。故选取 3 种孔径规格 d_1=3mm；d_2=6mm；d_3=9mm，而 3～9mm 代表的范围更广，更有利于探寻较优工艺。

穿孔率：穿孔率较大的穿孔板声阻抗很小，几乎没有吸声作用，常作为多孔材料的护面板。用于吸声结构的穿孔板，为确保具有一定的声阻抗，穿孔率不宜太大，一般不应大于 10%，圆孔正方形排列穿孔率计算公式如式（4-1）所示：

$$P=\frac{\pi}{4}\left(\frac{d}{B}\right)^2\times 100\% \qquad (4\text{-}1)$$

式中，P 为穿孔率；d 为孔径（mm）；B 为孔间距（mm）。

在已知穿孔率情况下，式（4-1）通过变形可得到孔间距的计算公式：

$$B=\frac{d}{2}\sqrt{\frac{\pi}{P}} \qquad (4\text{-}2)$$

取穿孔率 P_1=3%；P_2=5%；P_3=8%。根据式（4-2）结合孔径计算出孔间距 B，所得的间距值不全为整数，在加工中难以控制，为方便加工，对孔间距进行圆整修正，通过计算调整穿孔率 P，得到最终结果如表 4-1 所示。

表 4-1 孔间距修正后的穿孔率

Table 4-1 Perforation rate after corrected holespacing

d/mm	*B*/mm	*P*
3	15	3.14%
3	12	4.91%
3	10	7.07%
6	30	3.14%
6	24	4.91%
6	20	7.07%
9	45	3.14%
9	36	4.91%
9	30	7.07%

二、实验设备条件及方法

试件加工：采用计算机控制加工系统 NcStudio 匹配精雕机床加工被测试件。加工过程如图 4-1 所示。

图 4-1 阻抗管传递函数法测试试样加工过程

Fig.4-1 Specimen processing use for impedance tube test

北京声望声电技术有限公司生产的阻抗管测试系统：阻抗管 SW422（直径 100mm）；阻抗管 SW477（直径 30mm）；校准器 CA111；功率放大器 PA50；四通道声学分析仪 MC3242；噪声振动测试软件 VA-Lab。

阻抗管传递函数法是一种全频测试方法，搭配专门的阻抗管（平直、刚性、气密），测试样品装在阻抗管的一端，管中的平面波由实验设备配置的声源产生，干涉场的分析则用两个安装在管道一定位置的传声器测量两点的声压来实现，根据两点之间的传递函数自动完成试件入射吸声系数的计算（GBT18696.2—2002），得出实验结果。

测试条件：大气温度为 20.0°C，相对湿度为 50.0%，大气压力为 101 325.0Pa，大气密度为 1.2kg/m^3；声速为 343.237m/s；空气的特征阻抗为 412.568Pa · s/m。

测量结果符合阻抗管传递函数法相关标准：ISO10534—2：1998（GB/T18696.2—2002）《声学 阻抗管中吸声系数和声阻抗的测量》第 2 部分：传递函数法。

第二节　影响木质穿孔吸声板吸声性能的因子分析

一、板厚对吸声性能的影响

如图 4-2 所示，3 条曲线分别表示板厚为 10mm、15mm 和 20mm，孔径均为 3mm，孔中心间距为 12mm，穿孔率为 4.91%，板后空腔深度为 100mm 的木质穿孔吸声板吸声系数。

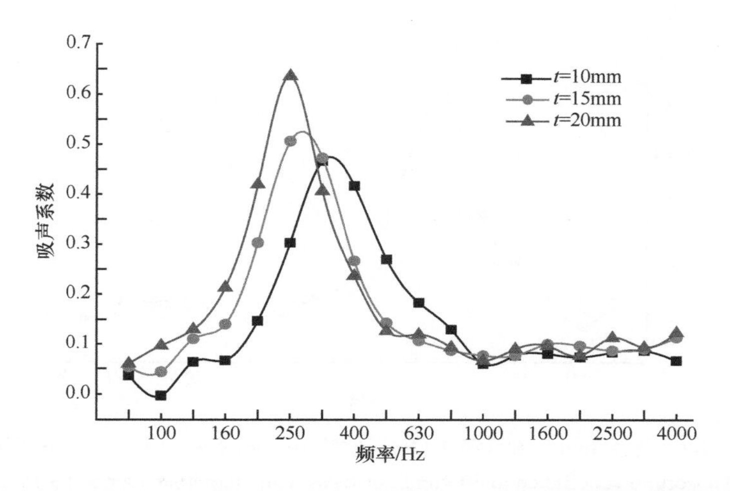

图 4-2　孔径 3mm、穿孔率 4.91%、空腔 100mm 的不同板厚的吸声系数

Fig.4-2　Sound absorption coefficient of different thickness with 3mm hole diameter 4.91% perforated rate and 100mm cavity

从图 4-2 中可以看到板厚对吸声性能的影响效果，木质穿孔吸声板的板厚对频率 1000Hz 以下中低频段的吸声系数影响比较明显。随着板厚的增加，吸收频带的宽度略有缩小，吸声系数峰值变大，共振频率偏移到较低的频率位置；在中低频范围（50～1000Hz），穿孔板的吸声系数首先随着频率的增加逐渐增加，共振频率向低频方向移动。在达到峰值前的低频段，板厚越厚，吸声系数越大；当频率增加超过共振频率后，吸声系数又随着频率的增加而逐渐减小，在 315～1000Hz，板材厚度较薄的木质穿孔吸声板吸声系数较大；在 1000Hz 以上的频率范围内，穿孔板的吸声系数很小，只有 0.1 左右，说明板厚对穿孔板吸声结构的高频段吸声系数没有影响。

如图 4-3 所示，3 条曲线分别表示板厚为 10mm、15mm 和 20mm，孔径均为 3mm，正方形排列孔中心间距为 15mm，穿孔率为 3.14%，板后空腔为 100mm 的木质穿孔吸声板吸声系数。

图 4-3 中穿孔板吸声曲线变化规律与图 4-2 相似，随着穿孔板厚度的增加，吸声频带宽度稍微变窄，吸声峰值变大，共振频率向低频方向移动，但是在此条件下不同穿孔率的穿孔板吸声系数之间的差值与图 4-2 同一位置不尽相同。在低频段（80～200Hz），板厚越厚，吸声系数越大；在 200～250Hz，板厚为 10mm 的穿孔板吸声系数随频率的增加而增加，但是板厚为 15mm 和 20mm 的穿孔板吸声系数却随频率的增加而减小；在中低频段（250～630Hz），板厚越厚，吸声系数越小；当频率高于 630Hz 时，板厚 10mm、

15mm 和 20mm 的穿孔板吸声系数非常接近，并且相互交织在一起，起伏变化不大，说明无论板材厚度增加多少，对穿孔板高频吸声系数的影响都比较微小，故为满足高频吸声性能需求时，增加板厚不仅达不到吸声效果要求，还会浪费材料，但是板材过薄又不能满足强度和刚度需求，因此实际运用中应综合考虑实际情况和条件，选择合理的板材厚度，常用的为 15mm。

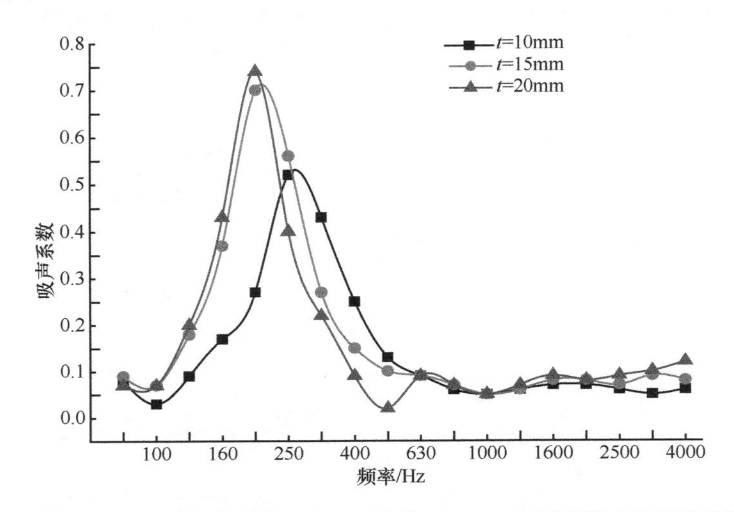

图 4-3　孔径 3mm、穿孔率 3.14%、空腔 100mm 的不同板厚的吸声系数

Fig.4-3　Sound absorption coefficien to different thickness with 3mm hole diameter 3.14% perforated rate and 100mm cavity

二、孔径对吸声性能的影响

如图 4-4 所示，3 条曲线分别表示孔径为 3mm、6mm 和 9mm，板厚均为 20mm，穿孔率均为 3.14%，板后空腔均为 50mm 的木质穿孔吸声板吸声系数。

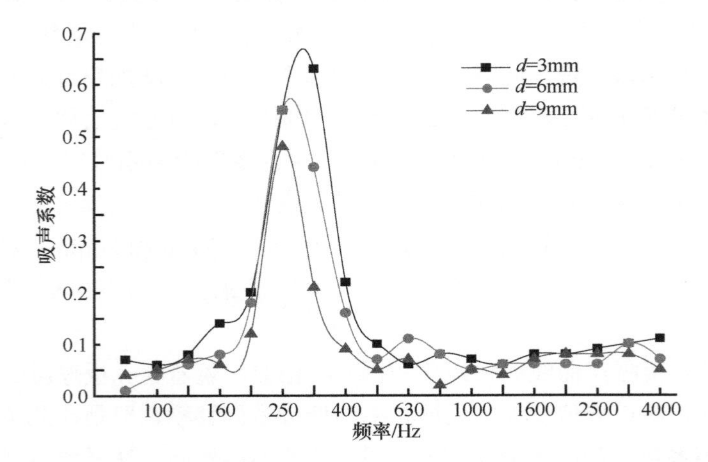

图 4-4　板厚 20mm、穿孔率 3.14%、板后空腔 50mm 的不同孔径的吸声系数

Fig.4-4　Sound absorption coefficient of different hole diameter with 20mm thickness 3.14% perforated rate and 50mm cavity

由图 4-4 可知随着孔径增加，吸声频带变窄，吸声峰值变小，孔径为 3mm 的穿孔板共振频率比孔径为 6mm 和 9mm 的高。低频段（80～250Hz）和中高频段（500～4000Hz）不同孔径的穿孔板吸声系数差异不大，在低频段，3mm 孔径的穿孔板吸声系数较大，但与 6mm 和 9mm 孔径的吸声系数差值非常小；中高频段 3 种孔径的穿孔板吸声系数曲线相互交织在一起，波动起伏范围非常小，几乎保持一致；中低频段（250～500Hz）范围内，不同孔径的吸声系数差异比较大，而且在该频率范围内，孔径越小的穿孔板吸声系数越大。

由图 4-5 可以看出，板厚为 10mm、穿孔率为 3.14%和板后空腔 50mm 的情况下，孔径为 3mm 与 6mm 的穿孔板吸声系数曲线在整个频率范围都非常接近，共振频率均约为 400Hz，吸声系数峰值分别为 0.63 和 0.62。在频率 80～200Hz 和 400～630Hz，3mm 孔径的穿孔板吸声系数比 6mm 孔径的穿孔板吸声系数稍大；而在频率 200～400Hz 和 630～4000Hz，6mm 孔径的穿孔板吸声系数比 3mm 孔径的穿孔板吸声系数稍大。而孔径为 9mm 的穿孔板在 315Hz 共振频率位置处，对应的吸声系数峰值仅为 0.48。3 条曲线间的整体变化规律与图 4-4 相一致，随着孔径增加，吸声频带变窄，吸声峰值变小，共振频率向低频方向移动。

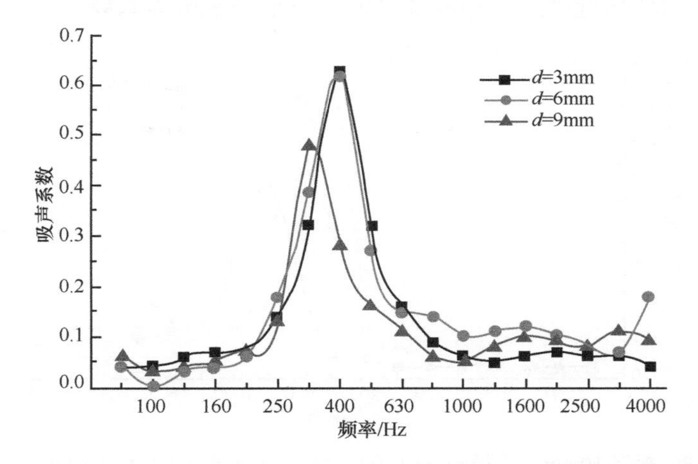

图 4-5　板厚 10mm、穿孔率 3.14%、板后空腔 50mm 的不同孔径的吸声系数

Fig.4-5　Sound absorption coefficient of different hole diameter with 10mm thickness 3.14% perforated rate and 50mm cavity

三、穿孔率对吸声性能的影响

如图 4-6 所示，3 条曲线表示穿孔率分别为 7.07%、4.91%和 3.14%，板厚均为 15mm，孔径均为 3mm，板后空腔均为 50mm 的木质穿孔吸声板吸声系数。

由图 4-6 可以看出，不同穿孔率的穿孔板吸声系数曲线均是先增加，达到最大值后，又随着频率的增加而逐渐减小。穿孔率为 3.14%的穿孔板共振频率为 315Hz，穿孔率为 4.91%的穿孔板共振频率为 400Hz，穿孔率为 7.07%的穿孔板共振频率为 500Hz。随着穿孔率的增大，有效吸声频带宽度变宽，吸声系数峰值变小，共振频率位置向高频方向移动；共振频率以后的中高频范围内，穿孔率较大的木质穿孔吸声板具有较好吸声性能；

同一频率位置上的吸声系数较大；1000Hz 以后的高频段，吸声系数曲线几乎平行于 x 轴。

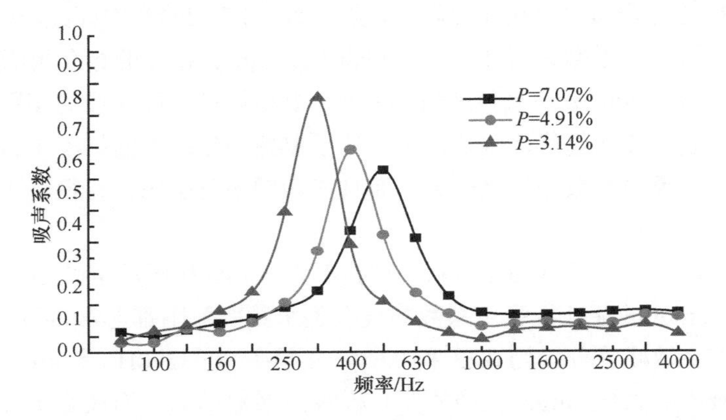

图 4-6 板厚 10mm、孔径 3mm、板后空腔 50mm 的不同穿孔率的吸声系数

Fig.4-6 Sound absorption coefficient of different perforation rate with 10mm thickness 3mm hole diameter and 50mm cavity

如图 4-7 所示，3 条曲线表示穿孔率分别为 7.07%、4.91%和 3.14%，板厚均为 10mm，孔径均为 6mm，板后空腔均为 25mm 的木质穿孔吸声板吸声系数。

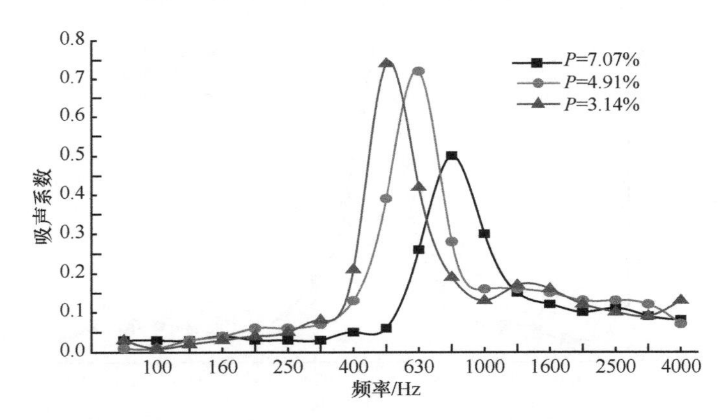

图 4-7 板厚 10mm、孔径 6mm、板后空腔 25mm 的不同穿孔率的吸声系数

Fig.4-7 Sound absorption coefficient of different perforation rate with 10mm thickness 6mm hole diameter and 25mm cavity

板厚为 10mm，孔径为 6mm，板后空腔为 25mm，穿孔率分别为 3.14%、4.91%和 7.07%的穿孔板共振频率分别为 500Hz、630Hz 和 800Hz，3 条吸声系数曲线间整体变化规律与图 4-6 相近，即随着穿孔率的增加，吸声频带宽度变宽，吸声峰值变小，共振频率位置向高频方向移动。但在低频段（80～315Hz）和高频段（1250～4000Hz）没有明显差异。吸声系数曲线间的整体变化趋势与图 4-6 相似，但改变程度比图 4-6 明显。

四、板后空腔对吸声性能的影响

如图 4-8 所示，3 条曲线表示板后空腔分别为 25mm、50mm 和 100mm，板厚均为 15mm，孔径均为 3mm，穿孔率均为 7.07%的木质穿孔吸声板吸声系数。

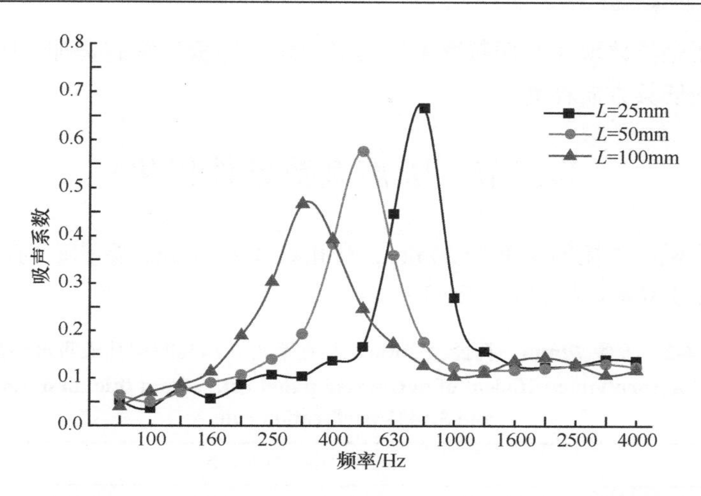

图 4-8 板厚 15mm、孔径 3mm、穿孔率 7.07%的不同板后空腔的吸声系数

Fig.4-8 Sound absorption coefficient of different cavity with 1s mm thickness 3mm hole diameter and 7.07% perforation rate

可以从图 4-8 看出，25mm 板后空腔的穿孔板结构共振频率为 800Hz，50mm 板后空腔的穿孔板结构共振频率为500Hz，100mm板后空腔的穿孔板结构共振频率为315Hz。板后空腔增加，吸声峰值变小，共振频率位置向低频方向移动，板后空腔大的结构吸声系数曲线在坐标上的跨度较大，横坐标以 1/3 倍频程中心频率等间距分布，低频段的间距代表频率范围较窄，所以不同板后空腔的穿孔板结构吸声频带宽度基本保持不变。

如图 4-9 所示，3 条曲线表示板后空腔分别为 25mm、50mm 和 100mm，板厚均为 10mm，孔径均为 6mm，穿孔率均为 4.91%的木质穿孔吸声板吸声系数。

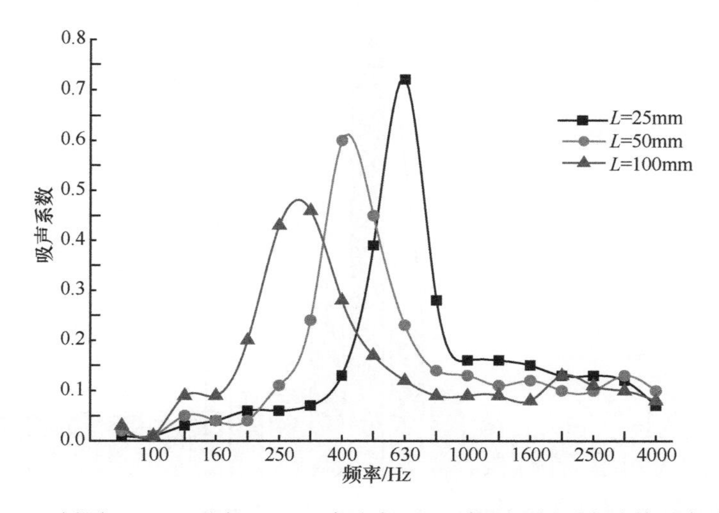

图 4-9 板厚 10mm、孔径 6mm、穿孔率 4.91%的不同板后空腔的吸声系数

Fig.4-9 Sound absorption coefficient of different cavity with 10mm thickness 6mm hole diameter and 4.91% perforation rate

板厚为 10mm、孔径为 6mm、穿孔率为 4.91%的不同板后空腔穿孔板的吸声系数变化规律与图 4-8 保持一致，低频段（160Hz 以下）和高频段（1000Hz 以上）吸声系数差

值比较小；主要差异体现在共振频率附近的吸声带，即板后空腔增加，吸声峰值变小，共振频率位置向低频方向移动。

第三节　吸声系数条件优化

通过实验测试，当板的厚度为20mm、穿孔直径为3mm、穿孔率为3.14%时，测试3个试件的平均吸声系数如表4-2所示。

表4-2　板厚20mm、孔径为3mm、穿孔率为3.14%的穿孔板吸声系数

Table 4-2　Sound absorption coefficient of perforated panel with 20mm thickness 3mm hole diameter and 3.14% perforation rate

试件	各频率（Hz）吸声系数																	
	80	100	125	160	200	250	315	400	500	630	800	1000	1250	1600	2000	2500	3150	4000
试件1	0.09	0.03	0.07	0.10	0.06	0.12	0.24	0.89	0.32	0.14	0.08	0.07	0.06	0.08	0.08	0.07	0.05	0.07
试件2	0.02	0.03	0.04	0.01	0.06	0.13	0.28	0.93	0.38	0.19	0.13	0.18	0.09	0.09	0.09	0.09	0.10	0.10
试件3	0.07	0.03	0.07	0.01	0.09	0.13	0.30	0.94	0.30	0.14	0.08	0.02	0.06	0.07	0.08	0.08	0.10	0.15
平均值	0.06	0.03	0.06	0.04	0.07	0.13	0.27	0.92	0.33	0.16	0.10	0.09	0.07	0.08	0.08	0.08	0.08	0.11

在400Hz，平均吸声系数达0.92，整个频率范围内的吸声系数变化趋势如图4-10所示。“工”字形线表示不同试件测试过程中的最大差值，即误差线，所有频率点的差值均小于0.1，最大差值为1000Hz时的0.09，说明测试时试件的可重复性比较好。

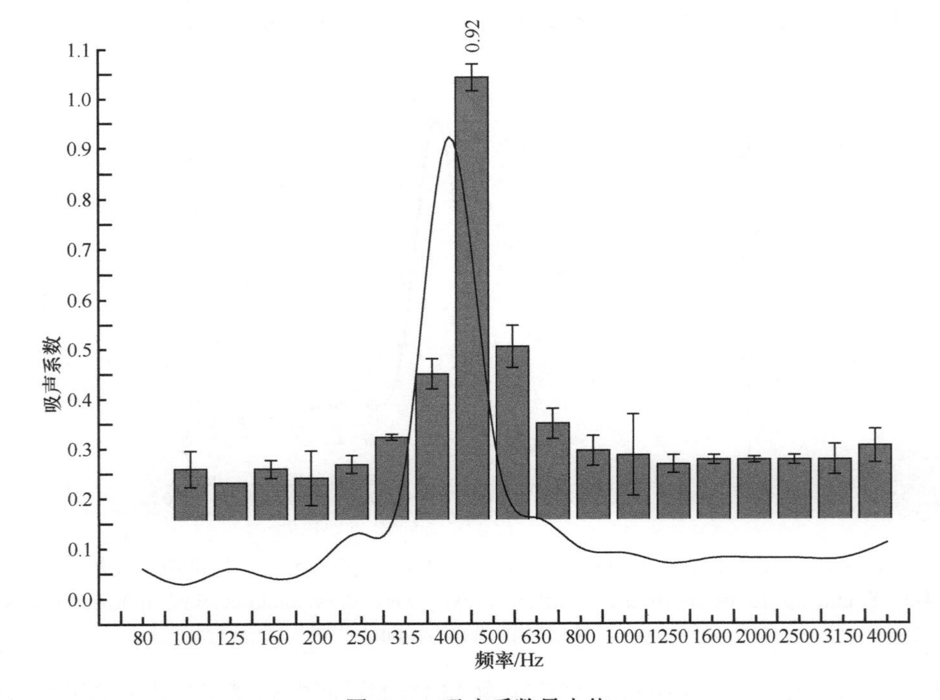

图4-10　吸声系数最大值

Fig.4-10　The maximum value of sound absorption coefficient

由图 4-10 可以看出，穿孔板的共振频率点的吸声系数很高，频率偏移共振频率位置后，吸声系数迅速下降。

由上述分析可知，穿孔板吸声结构的吸声频带窄，在共振频率附近，吸声系数较高，一旦偏离共振峰，吸声系数迅速下降，因此采用平均吸声系数和降噪系数不能很好地表征穿孔板的吸声结构。因此分析过程中主要分析各因子与穿孔板吸声系数的最大峰值和共振频率相关性。

采用 SPSS18.0 对各因子与吸声系数峰值的相关性与显著性进行分析，分析 4 个影响因子：板厚、开孔直径、穿孔率、板后空腔，每个因子取 3 个水平，找出影响木质穿孔吸声板吸声性能的较优工艺因子。

一、影响因子的显著性分析

影响穿孔板吸声性能的各因素取值不同，对穿孔板吸声性能的影响程度不同，析因分析不仅可以检验各因素各水平之间的差异，还可以检验因素间的交互作用对吸声性能的影响。采用 SPSS 的通用线性模型（GML）进行析因分析。结果如表 4-3 所示，表中 a_m 表示吸声系数峰值；f_0 表示共振频率；t 表示板厚；d 表示孔径；L 表示板后空腔。

表 4-3　析因分析结果

Table 4-3　The results of factorial analysis

控制变量	因变量	df	均方值	F	显著性 Sig.
校正模型	a_m	80	0.060	20.553	0.000
	f_0	80	79 110.813	96.096	0.000
—	a_m	1	65.947	22 516.549	0.000
	f_0	1	4.353×10^7	52 877.393	0.000
t	a_m	2	0.013	4.309	0.015
	f_0	2	165 695.165	201.269	0.000
d	a_m	2	0.567	193.495	0.000
	f_0	2	101 252.263	122.991	0.000
P	a_m	2	0.231	78.853	0.000
	f_0	2	614 341.461	746.238	0.000
L	a_m	2	0.556	189.898	0.000
	f_0	2	1 763 864.609	2 142.560	0.000
$t\times d$	a_m	4	0.094	32.208	0.000
	f_0	4	35 614.763	43.261	0.000
$t\times P$	a_m	4	0.149	50.785	0.000
	f_0	4	33 896.091	41.173	0.000
$t\times L$	a_m	4	0.002	0.576	0.681
	f_0	4	11 089.146	13.470	0.000
$d\times P$	a_m	4	0.040	13.496	0.000
	f_0	4	51 968.004	63.125	0.000

续表

控制变量	因变量	df	均方值	F	显著性 Sig.
$d\times L$	a_m	4	0.006	2.025	0.093
	f_0	4	12 173.560	14.787	0.000
$P\times L$	a_m	4	0.016	5.468	0.000
	f_0	4	20 413.220	24.796	0.000
$t\times d\times P$	a_m	8	0.040	13.588	0.000
	f_0	8	20 051.337	24.356	0.000
$t\times d\times L$	a_m	8	0.031	10.537	0.000
	f_0	8	9 843.467	11.957	0.000
$t\times P\times L$	a_m	8	0.011	3.827	0.000
	f_0	8	4 940.535	6.001	0.000
$d\times P\times L$	a_m	8	0.011	3.774	0.000
	f_0	8	7 069.624	8.587	0.000
$t\times d\times P\times L$	a_m	16	0.007	2.442	0.002
	f_0	16	2 668.699	3.242	0.000
误差	a_m	162	0.003	—	—
	f_0	162	823.251	—	—
总计	a_m	243	—	—	—
	f_0	243	—	—	—
校正总数	a_m	242	—	—	—
	f_0	242	—	—	—

当显著系数 Sig.大于 0.05 时，表明该影响因子对因变量的影响不显著，从表 4-3 中可以看出，板厚与板后空腔交互作用及孔径与板后空腔的交互作用对吸收系数峰值的显著系数分别为 0.681（大于 0.05）和 0.093（大于 0.05），所以板厚与板后空腔交互作用及孔径与板后空腔的交互作用对吸声系数峰值的影响不显著，其余各因子及其交互作用对吸声系数峰值均有显著影响；所有因子及它们的交互作用对共振频率都是显著影响。因此，仅通过全因子分析不能确定哪个因素对穿孔板吸声性能的影响更大。为确定各因素对穿孔板吸声性能的影响，进一步进行相关分析。

二、相关分析

相关分析是研究自变量与因变量之间相关关系的数理统计方法，能够检验两个变量的相互依赖程度，并通过相关系数的正负号判断相关的方向。对于成对样本 x（自变量）和 y（因变量），相关分析是常用的判断相关性的统计方法。相关系数值在–1～1。–1 表示两个量之间有很好的负相关；1 表示有很好的正相关；0 表示没有相关性。

当有多个自变量共同作用时，由于变量间的相互作用，简单的相关关系不能表征各个自变量与因变量之间的相互依赖程度，因此需要采用偏相关分析，偏相关分析也称为净相关分析，在控制其他变量的影响条件下分析两变量间的相关性，可以从影响因变量的诸多变量中判断哪些自变量的影响显著，哪些自变量的影响不显著，分析得到的结果被称为偏相关系数（也称为净相关系数）。控制变量个数为零时，称为零阶偏相关，偏相关系数称为零阶偏相关系数，也就是相关系数；当有一个控制变量时，称为一阶偏相关，此时的偏相关系数称为一阶偏相关系数；控制变量个数为 2 时，称为二阶偏相关，此时偏相关系数称为二阶偏相关系数，依此类推，有几个控制变量，就称为几阶偏相关（杜强和贾丽艳，2011）。

由析因分析可知，穿孔板各因子对吸声性能存在交互作用，因此采用 SPSS 的 Partial 过程对变量进行偏相关分析，对指定变量之外的其他变量进行控制，输出消除其他变量影响后的偏相关系数。

下面就通过相关分析分析各个影响因子对木质穿孔吸声板吸声性能的影响。

（一）板厚对吸声性能的偏相关分析

以孔径、穿孔率和板后空腔为控制变量分析板厚与吸声系数峰值和共振频率的相关性，结果如表 4-4 所示。

表 4-4　板厚对吸声性能的偏相关分析

Table 4-4　The partial correlation analysis between the thickness and absorption properties

控制变量			板厚	吸收峰值	共振频率
孔径 穿孔率 板后空腔	板厚	相关系数	1.000	0.091	–0.431
		显著性（双侧）	—	0.161	0.000
		自由度	0	238	238
	吸收峰值	相关系数	0.091	1.000	–0.297
		显著性（双侧）	0.161	—	0
		自由度	238	0	238
	共振频率	相关系数	–0.431	–0.297	1.000
		显著性（双侧）	0.000	0.000	—
		自由度	238	238	0

板厚与吸收峰值的显著性系数（双侧）值为 0.161（大于 0.05），因此板厚与吸收峰值的相关性不显著，板厚对吸声系数峰值的影响较小。板厚与共振频率的相关显著性（双侧）值为 0.000＜0.01，相关系数为–0.431，因此板厚与共振频率呈低度负相关，即随着板厚的增加，共振频率降低。

（二）孔径对吸声性能的偏相关分析

以穿孔率、板后空腔和板厚为控制变量分析孔径与吸收峰值和共振频率的相关性，结果如表 4-5 所示。

表 4-5　孔径对吸声性能的偏相关分析

Table 4-5　The partial correlation analysis between the hole diameter and absorption properties

控制变量			孔径	吸收峰值	共振频率
板厚 穿孔率 板后空腔	孔径	相关系数	1.000	–0.524	–0.350
		显著性（双侧）	—	0.000	0.000
		自由度	0	238	238

续表

控制变量			孔径	吸收峰值	共振频率
板厚 穿孔率 板后空腔	吸收峰值	相关系数	–0.524	1.000	–0.046
		显著性（双侧）	0.000	—	0.480
		自由度	238	0	238
	共振频率	相关系数	–0.350	–0.046	1.000
		显著性（双侧）	0.000	0.480.	—
		自由度	238	238	0

孔径与吸收峰值和共振频率的显著性系数（双侧）值均为 0.000（小于 0.01），相关系数分别为–0.524 和–0.350，孔径与吸收峰值呈显著负相关、与共振频率呈低度负相关，即随着孔径的增加，穿孔板的吸声系数峰值变小，共振频率稍向低频方向移动。

（三）穿孔率对吸声性能的偏相关分析

以板后空腔、板厚和孔径为控制变量分析穿孔率对穿孔板吸收峰值和共振频率的相关性，结果如表 4-6 所示。

表 4-6　穿孔率对吸声性能的偏相关分析

Table 4-6　The partial correlation analysis between the perforation rate and absorption properties

控制变量			穿孔率	吸收峰值	共振频率
板厚 孔径 板后空腔	穿孔率	相关系数	1.000	–0.381	0.682
		显著性（双侧）	—	0.000	0.000
		自由度	0	238	238
	吸收峰值	相关系数	–0.381	1.000	–0.454
		显著性（双侧）	0.000	—	0.000
		自由度	238	0	238
	共振频率	相关系数	0.682	–0.454	1.000
		显著性（双侧）	0.000	0.000	—
		自由度	241	241	241

穿孔率与吸收峰值和共振频率的显著性系数（双侧）值均为 0.000<0.01，相关系数分别为–0.381 和 0.682，穿孔率与吸收峰值呈弱负相关、与共振频率显著正相关，即随着穿孔率的增加，吸声峰值稍有变小，共振频率向高频方向移动（Lin et al., 2009）。

（四）板后空腔对吸声性能的偏相关分析

以板厚、孔径和穿孔率为控制变量分析板后空腔与吸收峰值和共振频率的相关性如表 4-7 所示。

表 4-7　板后空腔对吸声性能的偏相关分析

Table 4-7　The partial correlation analysis between the cavity and absorption properties

控制变量			板后空腔	吸收峰值	共振频率
板厚 孔径 穿孔率	板后空腔	相关系数	1.000	–0.530	–0.836
		显著性（双侧）	—	0.000	0.000
		自由度	0	238	238
	吸收峰值	相关系数	–0.530	1.000	–0.454
		显著性（双侧）	0.000	—	0.000
		自由度	238	0	238
	共振频率	相关系数	–0.836	–0.454	1.000
		显著性（双侧）	0.000	0.000	—
		自由度	241	241	241

板后空腔深度与吸收峰值和共振频率的显著性系数（双侧）值均为 0.000＜0.01，相关系数分别为–0.530 和–0.836，板后空腔与吸收峰值和共振频率均呈显著负相关，即随着板后空腔的增加，穿孔板的吸声峰值变小，共振频率向低频方向移动。

由相关性分析可知，对木质穿孔吸声板吸声系数峰值影响程度由强到弱的因素是：板后空腔、孔径、穿孔率和板厚；对木质穿孔吸声板共振频率影响程度由强到弱的因素是：板后空腔、穿孔率、板厚和孔径。

（五）小结

木质穿孔吸声板共振吸声结构的吸声特性：吸声频带窄，在共振频率附近，吸声系数较高，最大值可达 0.92；一旦偏离共振峰，吸声系数迅速下降，因此，木质穿孔吸声板共振吸声结构适用于吸收中低频的噪声。

木质穿孔吸声板吸声结构的吸声频带窄，平均吸声系数和降噪系数不能真实表征出它的吸声性能，因此用吸声系数峰值和共振频率来评价木质穿孔吸声板的吸声性能。

在相同的孔径、穿孔率和板后空腔的情况下，随着板厚的增加，吸声频带宽度稍微变窄，吸声峰值变大，共振频率向低频方向移动。

在相同的板厚、穿孔率和板后空腔的情况下，孔径越小，穿孔板的吸声系数峰值越大，吸声频带宽度变窄，共振频率稍向低频方向移动。

在相同的板厚、孔径和板后空腔的情况下，随着穿孔率的增加，吸声频带宽度变宽，吸声峰值变小，共振频率位置向高频方向移动。

板后空腔与穿孔板吸声系数峰值和共振频率均呈显著负相关，相关系数分别为–0.530 与–0.836。影响穿孔板吸声性能的主要因素中，对吸声系数峰值影响程度由强到弱的因素依次为板后空腔、孔径、穿孔率和板厚；对共振频率位置影响程度由强到弱的因素依次为板后空腔、穿孔率、板厚和孔径；板厚、孔径、穿孔率与穿孔板结构的吸声性能的相关性较弱，板后空腔的影响强烈。因此，安装穿孔板时留有适合的板后空腔可得到良好的吸声效果。

第四节　混响室法测试木质穿孔吸声板吸声性能

一、实验材料与方法

（一）材料

材料为中密度纤维板，密度约为 720.0kg/m^3，含水率 8.5%；胶合板，11 层，厚度 15mm；刨花板，厚度 15mm。基材购置于北京森然木业有限公司，参数如表 4-8 所示。

表 4-8　试件参数

Table 4-8　The parameters of specimens

编号	基材	板厚/mm	孔径/mm	穿孔率/%
M0	中密度纤维板	15	–	0
M1-1		15	3	3.14
M1-2		15	3	4.91
M1-3		15	3	7.07
M2-1		15	6	3.14
M2-2		15	6	4.91
M2-3		15	6	7.07
M2-4		10	6	7.07
M2-5		20	6	7.07
M3-1		15	9	3.14
M3-2		15	9	4.91
M3-3		15	9	7.07
J0	胶合板	15	–	0
J2		15	6	7.07
B0	刨花板	15	–	0
B2		15	6	7.07

（二）方法

混响实验室：北京市环境噪声与振动重点实验室，容积 226m^3，有效频率范围为 3～8000Hz，平均混响时间 2.1～2.3s，低限截止频率 63Hz，声场均匀度 1.2～2.7dB，内部结构如图 4-11 所示。

混响室是一个各个面不平行的封闭多面体。按国家标准，混响室要求为容积不得小于 150m^3 的 6～8 面体，各个壁面都应该是吸声系数非常小的材料，即吸声系数小于 0.06。当混响室内被声源激励时，混响室内被激发出较多的简正振动方式，使室内建立稳定声场，该声场接近扩散声场，建立稳态声场所需的时间大致与混响时间相同。混响室测量吸声系数的原理是先测出空房间的混响时间 T_1，放入被测材料后再测出相应的混响时间 T_2，然后可通过标准公式计算得到材料的吸声系数。

试件面积：长宽分别为 4.2m 和 2.4m，面积为 10.08m^2。

试件安装：试件安装在混响室中央地板上，任何一边距离混响室的墙壁壁面距离不小于 1m，背后空腔为 50mm，边沿用薄板封边，使穿孔板后空气层四周密闭，如图 4-12 所示。

图 4-11　混响室内部结构
Fig.4-11　Internal structure of reverberation room

图 4-12　试件安装示意图
Fig.4-12　Installation diagram specimen

测定频率：1/3 倍频程中心频率 100～5000Hz。

测试点：未靠近声源、试件边缘及混响室壁面的 3 个点，每个点重复测试 3 次。测试结果符合 GB/T20247—2006/ISO354：2003《声学　混响室吸声测量》。

二、实验结果与分析

将表 4-8 中 16 组试件按相关标准进行测量，得到 1/3 倍频程中心频率的吸声系数如表 4-9 所示。根据实验数据分析对比不同孔径、穿孔率、板厚的木质穿孔吸声板吸声性能的变化规律及不同基材同一开孔参数下木质穿孔吸声板吸声性能之间的差异。

表 4-9　不同参数试件各频率的吸声系数

Table 4-9　Each frequency absorption coefficient of different parameters specimens

编号	各频率（Hz）的吸声系数								
	100	125	160	200	250	315	400	500	630
M0	0.1	0.21	0.15	0.1	0.06	0.03	0.04	0.03	0.03
M1-1	0.02	0.07	0.06	0.11	0.2	0.27	0.57	0.36	0.29
M1-2	0.03	0.07	0.06	0.1	0.16	0.28	0.44	0.56	0.35
M1-3	0.05	0.09	0.09	0.12	0.21	0.29	0.36	0.55	0.48
M2-1	0.02	0.06	0.05	0.07	0.13	0.3	0.34	0.33	0.34
M2-2	0.02	0.05	0.04	0.06	0.1	0.17	0.29	0.34	0.34
M2-3	0.03	0.07	0.05	0.07	0.1	0.14	0.21	0.32	0.37
M2-4	0.01	0.05	0.03	0.05	0.08	0.1	0.14	0.2	0.31
M2-5	0.04	0.08	0.07	0.1	0.15	0.24	0.37	0.43	0.45
M3-1	0.01	0.01	0.01	0.02	0.04	0.13	0.18	0.14	0.13
M3-2	0.01	0.01	0.01	0.01	0.02	0.05	0.12	0.14	0.13
M3-3	0.02	0.03	0.02	0.03	0.05	0.07	0.1	0.16	0.19
J0	0.06	0.15	0.13	0.08	0.07	0.01	0.01	0	0

续表

编号	各频率（Hz）的吸声系数								
	100	125	160	200	250	315	400	500	630
J2	0.01	0.03	0.02	0.02	0.05	0.07	0.12	0.2	0.24
B0	0.11	0.17	0.13	0.1	0.07	0.03	0.02	0.05	0.05
B2	0.02	0.07	0.06	0.1	0.16	0.26	0.39	0.55	0.59
M0	0.02	−0.01	−0.01	0	−0.01	0.04	0.07	0.05	0.08
M1-1	0.19	0.15	0.12	0.11	0.09	0.15	0.14	0.17	0.22
M1-2	0.31	0.25	0.22	0.2	0.21	0.25	0.27	0.33	0.33
M1-3	0.41	0.41	0.39	0.37	0.34	0.39	0.35	0.36	0.38
M2-1	0.33	0.31	0.15	0.14	0.1	0.06	0.09	0.11	0.1
M2-2	0.36	0.37	0.21	0.19	0.14	0.13	0.15	0.19	0.15
M2-3	0.41	0.43	0.23	0.21	0.18	0.16	0.18	0.24	0.21
M2-4	0.41	0.45	0.28	0.25	0.19	0.2	0.24	0.34	0.33
M2-5	0.48	0.47	0.28	0.28	0.27	0.21	0.24	0.35	0.37
M3-1	0.13	0.12	0.12	0.14	0.17	0.2	0.2	0.28	0.23
M3-2	0.11	0.07	0.04	0.03	0	0	0	0	0.01
M3-3	0.2	0.19	0.13	0.09	0.05	0.06	0.06	−0.01	0
J0	0.01	−0.03	−0.04	−0.04	−0.03	0	0	−0.03	0.05
J2	0.24	0.21	0.19	0.15	0.12	0.14	0.12	0.11	0.16
B0	0.05	0	0	0	0	0.01	0	0	0.03
B2	0.59	0.6	0.43	0.36	0.36	0.31	0.36	0.41	0.39

注：吸声系数理论取值范围为0～1，负值是测试过程误差造成

（一）孔径变化对吸声性能的影响

以 MDF 为基材加工的木质穿孔吸声板，在相同条件下，板厚均为 15mm，穿孔率均为 7.07%。如图 4-13 所示，M1-3、M2-3 和 M3-3 分别代表孔径为 3mm、6mm 和 9mm 的穿孔板吸声系数。

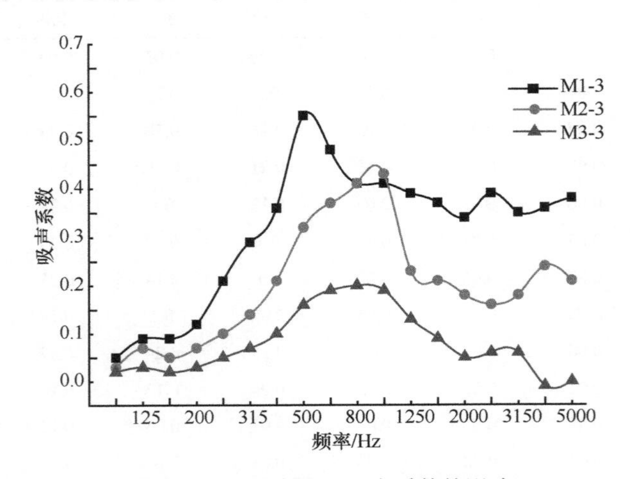

图 4-13 孔径变化对吸声系数的影响

Fig.4-13 Sound absorption coefficient of different hole diameter

在相同的穿孔率下，孔径为3mm的穿孔板共振频率为500Hz，孔径为6mm和9mm的穿孔板共振频率约为900Hz，孔径由3mm增加到6mm，共振频率位置大幅度向高频方向移动，由500Hz增加到1000Hz；但当孔径由6mm增加到9mm时，共振频率位置基本保持不变。

从图4-13可以看出，随着孔径的增加，整个频率段上吸声系数总体上呈下降趋势，整个频带的吸收系数普遍下降，仅孔径6mm的穿孔板在1000Hz的吸声系数稍大于孔径为3mm的穿孔板在同一位置的吸声系数。3mm孔径与6mm孔径穿孔板最大吸声系数差值为0.23，3mm孔径与9mm孔径穿孔板最大吸声系数差值为0.39，6mm孔径与9mm孔径穿孔板最大吸声系数差值为0.25，说明孔径对吸声系数有显著性影响。

（二）穿孔率变化对吸声性能的影响

以MDF为基材，在相同条件下，当板厚均为15mm，除未钻孔的对照组外，其余穿孔板孔径均为3mm，如图4-14所示，M0、M1-1、M1-2、M1-3分别代表穿孔率为0、3.14%、4.91%和7.07%的穿孔板吸声系数。

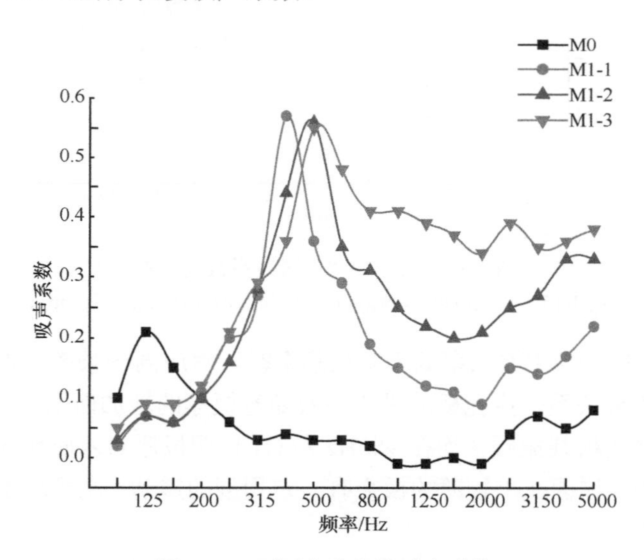

图4-14　不同穿孔率的吸声系数

Fig.4-14　Sound absorption coefficient of different perforation rate

穿孔率为0时，试件吸声系数在100～125Hz迅速增加，吸声系数在125Hz达到最大值0.21，因此板共振频率为125Hz，在频率125～315Hz，吸声系数逐渐减小，在频率315～2000Hz，试件的吸声系数变化不大，趋势平稳，吸声系数大小始终保持在0.1以下，几乎没有吸声效果，2000Hz以后，吸声系数稍有增加。

随着穿孔率的变化，在整个频率范围内，木质穿孔吸声板吸声系数的变化趋势都是先增加，达到最大值（400～500Hz）后，开始随频率的增加逐渐下降。穿孔率为3.14%时，共振频率约为400Hz。穿孔率为4.91%和7.07%的穿孔板共振频率均为500Hz。0～315Hz低频段，不同穿孔率的穿孔板吸声系数曲线几乎重合在一起，500Hz以后，穿孔率越大，吸声系数越大；在2000Hz以后，随着频率的增大，穿孔板的吸声系数有所增高。穿孔率的变化主要影响木质穿孔吸声板吸声结构的中高频范围内的吸声系数，500Hz以后，穿孔率越大，吸声系数越大，较大穿孔率的木质穿孔吸声板对中高频声音吸收效果好。

（三）板厚变化对吸声性能的影响

以MDF为基材加工的木质穿孔吸声板，当穿孔率均为7.07%，孔径均为6mm，如图4-15所示，M2-3、M2-4和M2-5分别代表穿孔板板厚为15mm、10mm和20mm的穿孔板吸声系数。

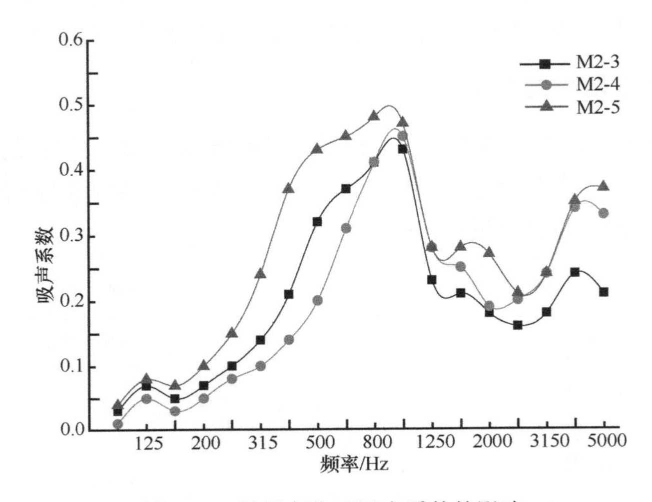

图4-15　板厚变化对吸声系数的影响

Fig.4-15　Sound absorption coefficient of different thickness

由图4-15可知，当声波频率低于共振频率时，对应同一频率位置点，板厚与吸声系数有一定的正相关关系，穿孔板的吸声系数随着板厚的增加而增大；3种不同厚度的板材加工得到的穿孔板共振频率均在950Hz左右，说明板厚对木质穿孔吸声板共振吸声频率位置影响较小，原因在于较薄的板会有一定程度的震动；高频段不同厚度的穿孔板吸声性能差异较小。

（四）基材变化对吸声性能的影响

图4-16中，M0、J0、B0分别表示未开孔的MDF、胶合板和刨花板。M2-3、J2、B2代表MDF、胶合板和刨花板厚度均为15mm、穿孔率均为7.07%、孔径均为6mm的穿孔板吸声系数。

未经开孔处理板材，无论何种板材，吸声系数规律保持一致的变化趋势，在整个有效频率范围内，不同材料的板材吸声系数差值不到0.1。开孔后，不同基材的穿孔板吸声系数趋势大体一致，都是先增加后减小。3种不同基材的穿孔板共振频率都在630～1000Hz的某一点，同一参数下的穿孔板，以刨花板为基材的穿孔板吸声系数大于以中密度纤维板为基材的穿孔板吸声系数，在未开孔的MDF胶合板和刨花板除2500Hz这一点以外，以中密度纤维板为基材的穿孔板吸声系数又大于以胶合板为基材的穿孔板吸声系数。因为刨花板是天然木材粉碎成颗粒状后，再经黏合压制而成，因其剖面类似蜂窝状，当受声波刺激后，空气柱与孔壁面的摩擦阻力大，声能转化成其他形式的能量消耗多，吸声性能好，此外，部分声波会进入刨花板的蜂窝小孔内，向前传播时由于摩擦阻力和空气黏滞性，还会消耗部分声能。

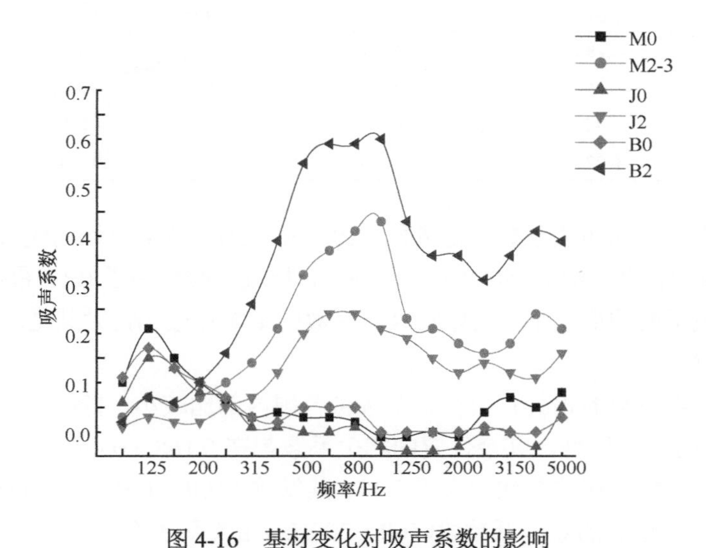

图 4-16 基材变化对吸声系数的影响

Fig.4-16 Sound absorption coefficient of different based board

（五）相关分析

穿孔板基材种类、厚度、开孔直径的大小以及穿孔率的大小都会影响木质穿孔吸声板的吸声性能，为明确各影响因子对吸声性能的影响程度，采用 SPSS 对实验测试得到的各频率吸声系数进行偏相关分析，结果如表 4-10 所示。

表 4-10 偏相关分析结果（1）

Table 4-10 Partial correlation coefficient between every factor and sound absorption coefficient (part one)

控制变量	变量	偏相关系数									
		a_{100}	a_{125}	a_{160}	a_{200}	a_{250}	a_{315}	a_{400}	a_{500}	a_{630}	a_{800}
t/P/jc	d	–0.305	–0.543	–0.588	–0.866	–0.871	–0.685	–0.659	–0.650	–0.470	–0.338
d/P/jc	t	0.236	0.142	0.253	0.460	0.425	0.400	0.438	0.306	0.142	0.012
t/d/jc	P	0.168	0.229	0.177	0.170	–0.050	–0.304	–0.231	0.044	0.261	0.419
$t/d/P$	jc	0.539	0.600	0.572	0.397	–0.174	–0.334	–0.354	–0.241	–0.181	–0.200

注：a 为频率点；t 为板厚（mm）；d 为孔径（mm）；P 为穿孔率（%）；L 为板后空腔（mm）；jc 为基材。表 4-11 同

由表 4-11 可以看出，在其他参数一定的情况下，孔径与各频率吸声系数的相关系数绝对值都较大，最大值为–0.871，最小值也达到–0.28（负值表示孔径与吸声系数呈负相关关系），即对于同一种基材，板厚和穿孔率相同时，随着孔径的增加（由 3mm 增加到 6mm 再增加到 9mm），穿孔板的吸声系数逐渐减小，孔径对木质穿孔吸声板吸声系数的影响比较显著。

表 4-11 偏相关分析结果（2）

Table 4-11 Partial correlation coefficient between every factor and sound absorption coefficient（part two）

控制变量	变量	偏相关系数							
		a_{1000}	a_{1250}	a_{1600}	a_{2000}	a_{2500}	a_{3150}	a_{4000}	a_{5000}
t/*P*/jc	*d*	−0.280	−0.392	−0.412	−0.410	−0.520	−0.477	−0.441	−0.572
d/*P*/jc	*t*	−0.062	−0.072	−0.017	0.088	−0.024	−0.050	−0.039	−0.003
t/*d*/jc	*P*	0.442	0.389	0.384	0.317	0.245	0.277	0.294	0.388
t/*d*/*P*	jc	−0.227	−0.162	−0.233	−0.131	−0.178	−0.171	−0.232	−0.202

板厚与吸声系数的相关系数在低频段（100～630Hz）范围内均比较大，相关系数最大为 0.46，而在中高频（800～5000Hz）范围内，相关系数均小于 0.1，最小仅为−0.003。说明在其他因数不变的情况下，板厚对吸声系数的影响比较小，尤其是对中高频吸声系数几乎没有影响。

穿孔率与吸声系数的相关系数在整个频带范围内都比较小，除 250Hz 与 500Hz 两点的相关系数小于 0.1 以外，其余位置的相关系数都在 0.168～0.442。

基材与吸声系数的相关系数均大于 0.13，其低频（100～160Hz）位置达到 0.5 以上，最大值为 125Hz 时达到的 0.6，低频段（100～200Hz）相关系数均为正数，中高频段（250～5000Hz）的相关系数均为负值。不同的板材加工得到的穿孔板在不同的频率位置具有不同的吸声规律。

（1）理论分析：穿孔板吸声结构每个孔及其后面对应的空腔可近似地看作是一个亥姆霍兹共振器，如图 4-17 所示。因此整个穿孔板结构等效于由许多亥姆霍兹共振器并联而成（田汉平，2005）。

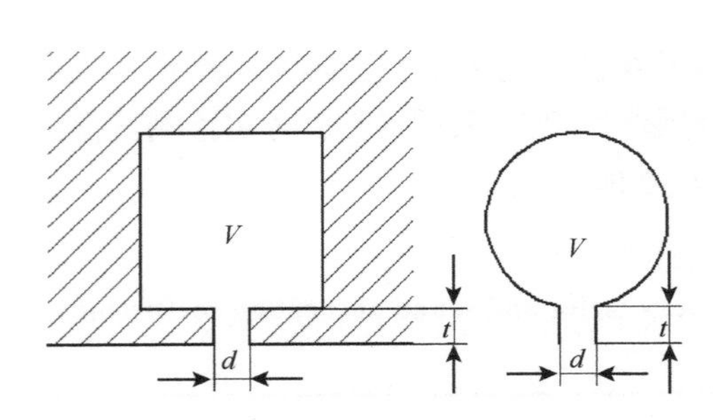

图 4-17 亥姆霍兹共振器

Fig.4-17 Helmholtz resonator

V. 空腔体积；*d*. 圆孔直径；*t*. 开孔深度

在穿孔板结构中，开孔直径为 d，开孔深度即为板厚 t，对应的空腔体积为 V，当入射声波的波长均大于共振器的各方向的结构线度尺寸，空腔体积大于开孔体积时，并假设共振器为刚体，在声波激励过程中共振器的结构不会发生变形。由于在自然条件下，孔内充满了空气，而孔内空气柱在实际振动时引起一个附加的长度，所以整个空气柱的质量为

$$M = \rho\pi\left(\frac{d}{2}\right)^2 (t+\delta) \tag{4-3}$$

式中，d 为开孔直径（mm）；t 为开孔深度即为板厚（mm）；ρ 为空气的密度（g/cm^3）；δ 为孔内空气柱在实际振动时引起的附加长度（mm），通常取 $\delta=0.8d$ 。

当开孔内的空气柱受外界刺激向空腔方向运动时，空气柱会压缩空腔内的气体，根据牛顿第三定律作用力与反作用力的关系，空腔内的空气由于受到压缩将对孔内及开孔效应引起的空气柱反作用一个弹性力，该系统等效于一个机械弹簧振子系统，如图 4-18 所示，弹性系数 k 如下：

$$k=\frac{\pi\rho cd^2}{4v} \tag{4-4}$$

式中，c 为空气中的声速（m/s）；v 为空腔体积（m^3）。

当孔内的空气柱受到外来声波的作用，相当于在孔内空气柱的外端面作用一声压强，由于穿孔板背后空腔等效于机械弹簧的作用，从而引起孔内空气柱往复振动，空气柱的质量与开孔横截面面积的比值称为声质量。空腔内的空气在声波的作用下变化，是一个声顺元件（马大猷，2002）。空腔内的空气在一定程度上随声波振动而振动，也具有一定的声质量。空气柱在振动过程中不断与开孔壁面摩擦，由于黏滞阻尼和导热的作用，声能会消耗，相当于一个声阻。声能在整个振动过程中被不断地转化为热能而耗散。穿孔板的声阻抗 Z 由声阻 R 和声抗 Z_K 组成，声抗又包括孔引起的声抗 Z_d 和板后空腔引起的声抗 Z_v 两部分。

图 4-18　机械类比系统
Fig.4-18　Diagram of system analog machinery

$$Z=R+Z_d+Z_v \tag{4-5}$$

穿孔板声阻计算公式（左言言等，2007）：

$$R=\frac{32\mu t}{pc_0d^2}\left[\left(1+\frac{k^2}{32}\right)^{1/2}+\frac{\sqrt{2}kd}{32t}\right] \tag{4-6}$$

式中，t 为板厚（mm）；c_0 为声速；p 为穿孔率。

$$\mu=\frac{\eta}{\rho_0} \tag{4-7}$$

其中，η 为空气黏滞系数（Pa·s）；ρ_0 为空气密度（g/cm^3）；k 为穿孔常数：

$$k=\frac{d}{2}\sqrt{\frac{w\rho_0}{\eta}}=\frac{d}{2}\sqrt{\frac{w}{\mu}} \tag{4-8}$$

其中，w 为角频率（Hz）。

一个穿孔孔洞的声阻抗为（李伟森，2008）

$$Z_{d1}=j\omega M_A \tag{4-9}$$

式中，j 表示复数；ω 为角频率；M_A 为孔的声质量：

$$M_A=\frac{M}{\left[\pi\left(\frac{d}{2}\right)^2\right]^2} \tag{4-10}$$

其中，M 为孔洞中空气柱的质量（g）；d 为穿孔直径（mm）。

$$M=\rho\pi\left(\frac{d}{2}\right)^2(t+\delta) \tag{4-11}$$

所以，

$$Z_{\mathrm{d1}}=\frac{\rho\pi\left(\frac{d}{2}\right)^2(t+\delta)}{\left[\pi\left(\frac{d}{2}\right)^2\right]^2} \tag{4-12}$$

空腔结构构成的声抗为

$$Z_v=-j\frac{1}{\omega C_{\mathrm{A}}} \tag{4-13}$$

式中，C_{A} 为空腔内空气的声顺（$\mathrm{m^3/Pa}$）。

$$C_{\mathrm{A}}=\frac{v}{\rho c^2} \tag{4-14}$$

$$Z_K=Z_{L1}+Z_{v1}=j\omega\frac{\rho\pi\left(\frac{d}{2}\right)^2(t+\delta)}{\left[\pi\left(\frac{d}{2}\right)^2\right]^2}-j\frac{1}{\omega\frac{v}{\rho c^2}} \tag{4-15}$$

式中，Z_K 为穿孔板的声抗；Z_{L1} 为孔洞引起的声抗；Z_{v1} 为空腔引起的声抗。

根据振动原理，当 $Z_K=0$ 时，系统达到共振，其共振频率为

$$f_0=\frac{c}{2\pi}\sqrt{\frac{P}{(t+0.8d)L}} \tag{4-16}$$

式中，f_0 为共振频率（Hz）；L 为板后空腔空气层深度（mm）；t 为板厚（mm）；d 为孔径（mm）；c 为空气中声速（m/s）；P 为穿孔率。

达到共振时，穿孔板孔颈处的空气柱产生激烈往复振动，振动速度与幅值均达到最大，从而使得摩擦与黏滞阻力也最大。此时，声能转变为热能最快，即单位时间消耗的声能最多，形成了吸收峰，使声能显著衰减，从而发挥高效吸声作用，吸声效果最好。远离共振频率时，振动减缓，吸收作用减弱。由式（4-16）可知，穿孔板厚度、穿孔率、孔径、板后空腔深度及空气中的声音传播速度对木质穿孔吸声板吸声结构共振频率都有一定影响。因此选择适当的参数可得到理想的共振频率，从而得到适合不同场合需求的理想吸声效果（苑改红等，2006）。

木质穿孔吸声板就是典型共振吸声结构。将式（4-6）和式（4-15）代入式（4-5）化简得到声阻抗的表达式。

$$Z=\frac{32\mu t}{Pc_0d^2}\left[\left(1+\frac{\omega d^2}{128}\right)^{1/2}+\frac{d^2}{64t}\left(\frac{2\omega^2}{\mu}\right)^{1/2}\right]+j\omega\frac{2\rho\pi(t+0.8d)}{\pi d^2}+\frac{\rho c^2}{j\omega v} \tag{4-17}$$

声阻和声抗都与频率呈函数关系，所以不同结构会影响材料的频率特性。增加材料厚度和增加板后空腔均可改进低频声吸收。

穿孔板的品质因数 Q 为

$$Q = \frac{1}{R}\sqrt{\frac{M_A}{C_A}} \tag{4-18}$$

频带宽度为频率与品质因数的比值，故化简得到频带宽度 BW 的计算式如下（田汉平，2005）。

$$\mathrm{BW} = \frac{Rd^2}{8\rho_0(t+0.8d)} \tag{4-19}$$

根据式（4-6）、式（4-15）、式（4-16）及式（4-18）可得各个因素变化对木质穿孔吸声板吸声性能的影响：

板厚增加，共振频率向低频方向移动；声阻增大，声抗增大，声波进出穿孔板结构损耗增多，吸声系数峰值增大；频带宽度变窄。

孔径增加，共振频率向低频方向移动；声阻减小，声抗减小，声波进出穿孔板结构损耗减少，故吸声系数峰值减小；频带宽度变窄。

穿孔率增加，共振频率向高频方向移动；声阻减小，声抗不变，声波进出穿孔板结构损耗减少，故吸声系数峰值减小；频带宽度变宽。

板后空腔增加，共振频率向低频方向移动；声阻不变，声抗减小，声波进出穿孔板结构损耗减少，故吸声系数峰值减小；频带宽度不变。

理论分析结果与第三章第三节和第四章第三节测试得到的实验结果总体上相吻合。图 4-15 中，板厚增加，共振频率几乎不变是因为在理论分析中为简化计算，忽略板的变形，混响室测试实际情况是试件面积比较大，厚度较薄的穿孔板的挠曲变形较大，对吸声系数有一定的影响，阻止共振频率向高频方向移动。

（2）结论：在相同的基材条件下，与不穿孔板材相比穿孔板吸声性能明显提升，都开孔的情况下，穿孔率主要影响中高频（500～5000Hz）的吸声系数，随着穿孔率的增加，中高频（500～5000Hz）吸声系数逐渐增加。不穿孔和穿孔的板材呈现不同的吸声规律，穿孔板吸声规律为基于亥姆霍兹共振器的共振吸声规律，不穿孔则为板共振吸声规律。

固定木质穿孔吸声板的基材、板厚、穿孔率和板后空腔，随着孔径的增加，吸声系数均明显降低，孔径越小，吸声性能越好，孔径对穿孔板的吸声性能有显著影响。

在相同孔径和穿孔率的情况下，不同板厚对吸声系数的影响比较小。随着板厚的增加，中低频（100～8000Hz）吸声系数稍有增加。

在不开孔情况下，不同板材的吸声规律没有明显差异，吸声系数均比较小，不经加工处理，中密度纤维板、胶合板和刨花板都不是理想的吸声材料。而对于经开孔加工处理得到的穿孔板，在同一厚度、相同大小孔径和相同穿孔率情况下，以刨花板为基材的穿孔板吸声性能最好，以中密度纤维板为基材穿孔板吸声性能次之，以胶合板为基材的穿孔板吸声性能最差。

第五节 阻抗管传递函数法与混响室法吸声性能对比

利用阻抗管传递函数法和混响室法测试木质穿孔吸声板的吸声性能，由于测试原理和试件面积的差异，两种方法测得的同一材料结构的吸声系数存在一定的差异，下面具体一一分析。

一、未钻孔木质人造板吸声系数比较

板厚 15mm 中密度纤维板，未进行钻孔加工，阻抗管传递函数法和混响室法测试得到的吸声系数曲线如图 4-19 所示。

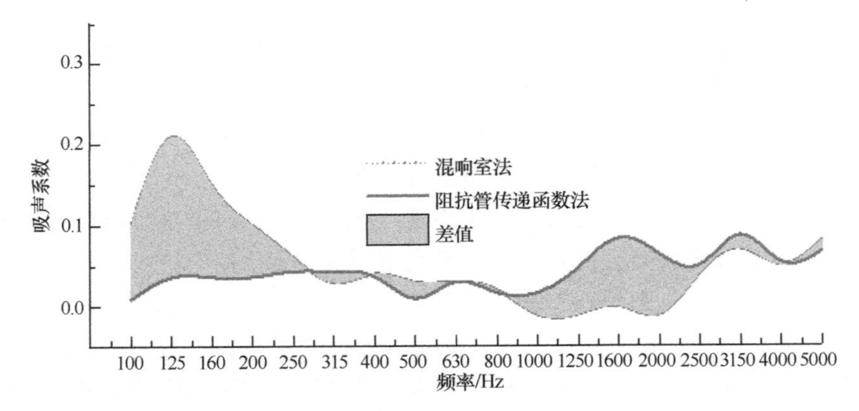

图 4-19 两种方法测试得到未钻孔中密度纤维板的吸声系数

Fig.4-19 Sound absorption coefficient of MDF without thole tested by two methods

没有开孔的中密度纤维板，在进行测试时，两种方法测得的吸声系数均比较小，尤其是阻抗管传递函数法测得的吸声系数在整个频率范围内均小于 0.1。在 100～250Hz 频率范围内，混响室法测得的吸声系数比阻抗管传递函数法测得的对应频率上的吸声系数要大；250～800Hz 频率范围内，两种方法测试得到的吸声系数曲线相互交织，且差值微小；而 800～4000Hz 频率范围内，阻抗管传递函数法测试得到的吸声系数反而比混响室法测试得到的吸声系数大，4000Hz 以后，两种方法测得的吸声系数均有所增加，混响室法测得吸声系数增加幅度比阻抗管传递函数法测得的吸声系数增加要多。混响室法测试得到吸声系数有一个明显的峰值，最大吸声系数在 125Hz 时为 0.21，这是因为板的面积比较大，此时形成了板共振吸声，共振频率为 125Hz。说明中密度纤维板如果直接用作装饰材料，几乎不具备吸声性能。为提高其吸声性能，满足装饰要求，有必要进行特殊的开孔加工处理。

二、孔径 3mm 穿孔板吸声性能对比

当板厚为 15mm、孔径为 3mm 时，两种方法测试得到的吸声系数在不同穿孔率情况下差值规律各异。

图 4-20 表示阻抗管传递函数法和混响室法测试得到穿孔板板厚 15mm、孔径 3mm、

穿孔率 3.14%、以中密度纤维板为基材的吸声系数。

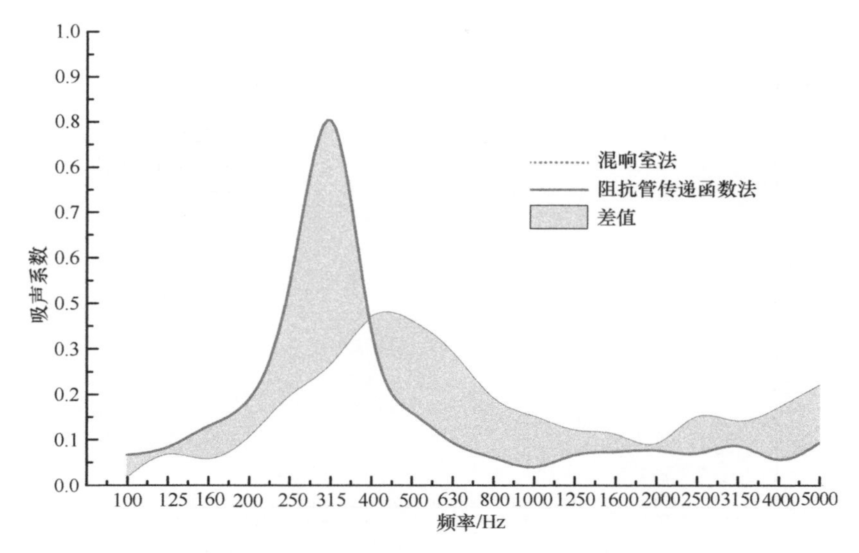

图 4-20　两种方法测得板厚 15mm、孔径 3mm、穿孔率 3.14%的吸声系数

Fig.4-20　Sound absorption coefficient of perforated panel with 15mm thickness 3mm aperture and perforation rate of 3.14% tested by two methods

两种方法测试得到的吸声系数曲线均有明显的吸声系数峰值，但是中心频率位置有差异，阻抗管传递函数法测试得到的穿孔板共振频率为 315Hz，当频率增加到 800Hz 以后，吸声系数下降到 0.1 以下，且不再随频率的增加而发生明显变化。而混响室法测得的共振频率约为 450Hz，偏离共振频率以后，随着频率的增加，吸声系数逐渐下降，在 2000Hz 下降到最小值，2000Hz 以后的高频范围内，随着频率的增加，吸声系数又逐渐增大。两种方法测得的吸声系数除共振频率点的差值比较大外，其他频率位置上的吸声系数差值并不大。与阻抗管传递函数法测试得到的该组穿孔板吸声系数相比，混响室法测得的吸声系数在低频段吸声系数非常小，原因是实验测试过程中采用脉冲声源发声时，操作不当导致声音强度不够，使测试时没能引起充分共振造成，所以这组混响室法测试数据不具有说服性。

图 4-21 表示阻抗管传递函数法和混响室法测试得到穿孔板板厚 15mm、孔径 3mm、穿孔率 4.91%、以中密度纤维板为基材的穿孔板吸声系数。

两种方法测试得到孔径 3mm 的穿孔板，当穿孔率为 4.91%时，在频率 300Hz 以前，两种方法测得的数据曲线完全吻合，在 300～450Hz，阻抗管传递函数法测试得到的吸声系数值较混响室法测得的大，当频率超过 450Hz 以后，两种方法测得的吸声系数均随频率的增加而下降，但同一频率点上，在混响室法中测试得到的吸声系数值明显比阻抗管传递函数法测试得到的吸声系数值大，阻抗管传递函数法测得的吸声系数在 1000Hz 下降到最小值，然后随着频率的增加几乎保持不变；而混响室法测试吸声系数在 1600Hz 下降到最小值，频率高于 1600Hz 以后，混响室法测得的吸声系数曲线随频率的增加逐渐上升，而阻抗管传递函数法测得的吸声系数曲线在该频段保持在 0.1 左右并做微小幅度的上下波动。阻抗管传递函数法测试得到的吸声系数峰值较大，混响室法测试得到共振频率较高。

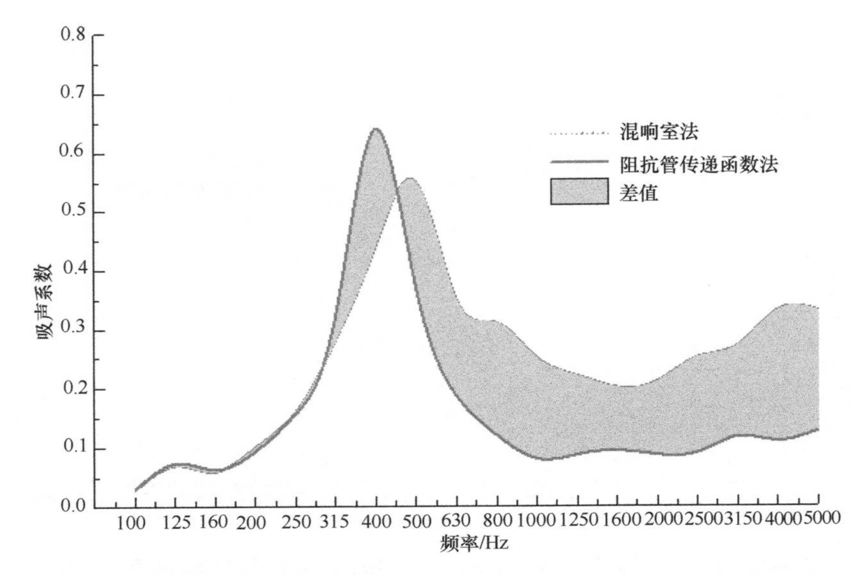

图 4-21　两种方法测试板厚 15mm、孔径 3mm、穿孔率 4.91%的吸声系数

Fig.4-21　Sound absorption coefficient of perforated panel with 15mm thickness 3mm aperture and perforation rate of 4.91% tested by two methods

图 4-22 表示阻抗管传递函数法和混响室法测试得到穿孔板板厚 15mm、孔径 3mm、穿孔率 7.07%、以中密度纤维板为基材的吸声系数。

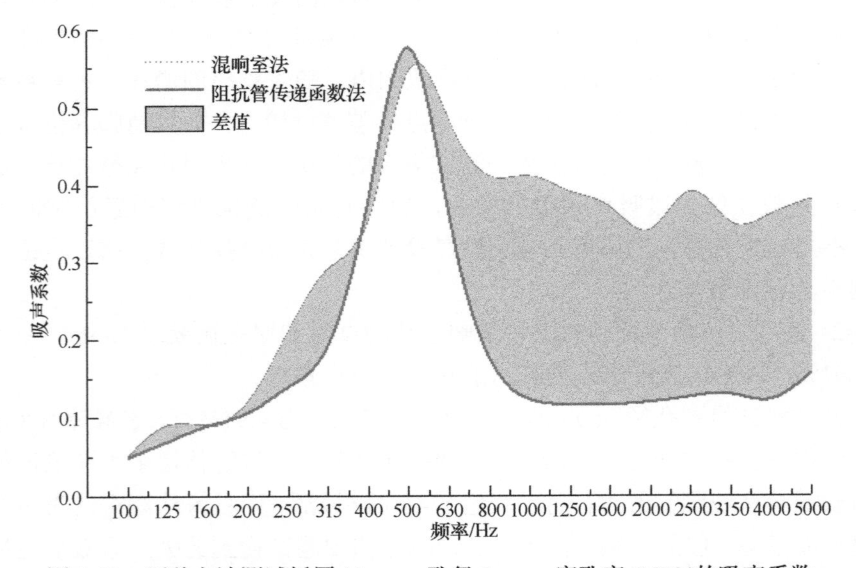

图 4-22　两种方法测试板厚 15mm、孔径 3mm、穿孔率 7.07%的吸声系数

Fig.4-22　Sound absorption coefficient of perforated panel with thickness 15mm apertures 3mm perforation rate of 7.07% tested by two methods

两种方法测试得到 3mm 孔径的穿孔板，当穿孔率为 7.07%，阻抗管传递函数法测试得到的吸声系数峰值较混响室法测试得到的大 0.02，两种方法测得的共振频率均为

500Hz 左右；在共振频率之前，两种方法测试得到的吸声系数基本一致，共振频率之后，混响室法测得的吸声系数远大于阻抗管传递函数法测试得到的吸声系数。孔径为 3mm、穿孔率为 7.07%的穿孔板对垂直入射声波高频几乎没有吸收效果，而对无规则入射声波高频的吸收效果比较好。

当穿孔板的开孔孔径为 3mm 时，两种方法测试得到的穿孔率为 3.14%的穿孔板吸声系数峰值差异比较大，而穿孔率为 4.91%和 7.07%时，两种方法测试得到的吸声系数峰值并无明显差异，混响室法测试得到的吸声系数峰值略小。不管穿孔率为多少，两种方法测试得到的吸声规律之间的差值在整个频率范围内都是：阻抗管传递函数法测得的共振频率比混响室法测得的要低；混响室法测得的吸声系数峰值比阻抗管传递函数法测得的要小；低频部分两种方法测试得到的吸声系数相当接近，而中高频部分，混响室法测试得到的吸声系数明显大于阻抗管传递函数法测试得到的吸声系数。

三、孔径 6mm 穿孔板吸声性能对比

图 4-23 表示阻抗管传递函数法和混响室法测试得到穿孔板板厚 15mm、孔径 6mm、穿孔率 3.14%、以中密度纤维板为基材的吸声系数。

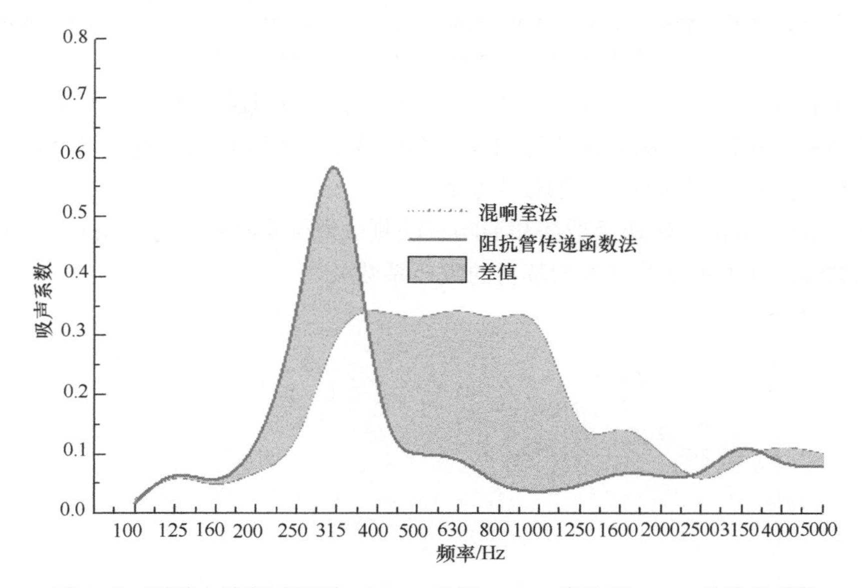

图 4-23　两种方法测试板厚 15mm、孔径 6mm、穿孔率 3.14%的吸声系数

Fig.4-23　Sound absorption coefficient of perforated panel with 15mm thickness 6mm aperture and perforation rate of 3.14% tested by two methods

对于这组穿孔板，阻抗管传递函数法测试得到的共振频率为 315Hz，偏离共振频率位置后，吸声系数迅速下降到 0.1；而混响室法测得的吸声频带宽度比较宽，吸声系数没有明显的峰值，在 400～1000Hz 频率范围内，吸声系数没有明显的变化，所以共振频率在此范围之内的某一点，无法判断具体的共振频率位置。在 2500Hz 以后的高频范围内，两种方法测试得到的吸声系数曲线相互交织，吸声系数基本相等。

图 4-24 表示阻抗管传递函数法和混响室法测试得到板厚 15mm、孔径 6mm、穿孔

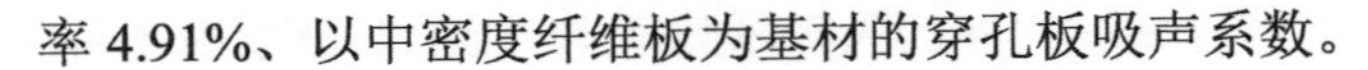
率 4.91%、以中密度纤维板为基材的穿孔板吸声系数。

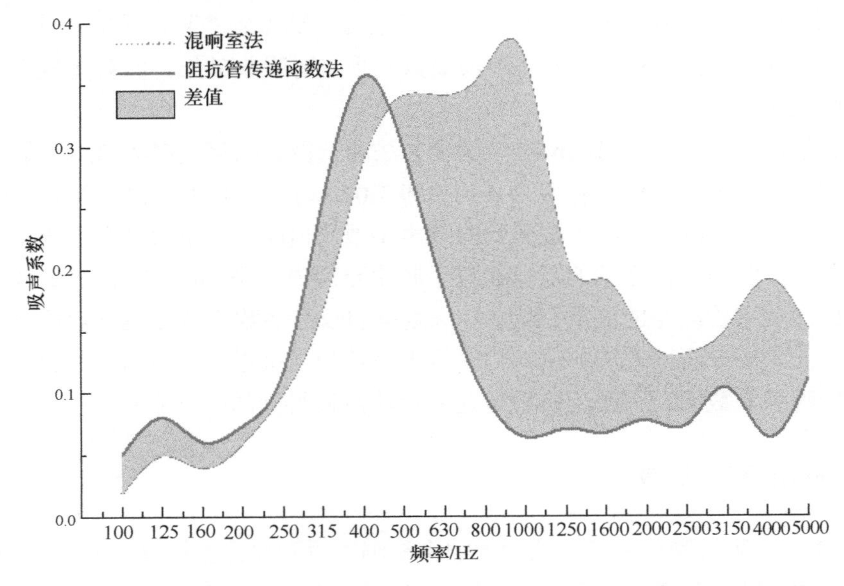

图 4-24 两种方法测试板厚 15mm、孔径 6mm、穿孔率 4.91%的吸声系数

Fig.4-24 Sound absorption coefficient of perforated panel with 15mm thickness 6mm aperture and perforation rate of 4.91% tested by two methods

板厚 15mm、孔径 6mm、穿孔率 4.91%的穿孔板吸声系数，与阻抗管传递函数法测试得到吸声系数相比，混响室法测得的吸声系数显示有效吸声频带宽度较宽，低频吸声系数小，在高频率范围内有较大的吸声系数。

图 4-25 表示阻抗管传递函数法和混响室法测试得到穿孔板板厚 15mm、孔径 6mm、穿孔率 7.07%、以中密度纤维板为基材的吸声系数。

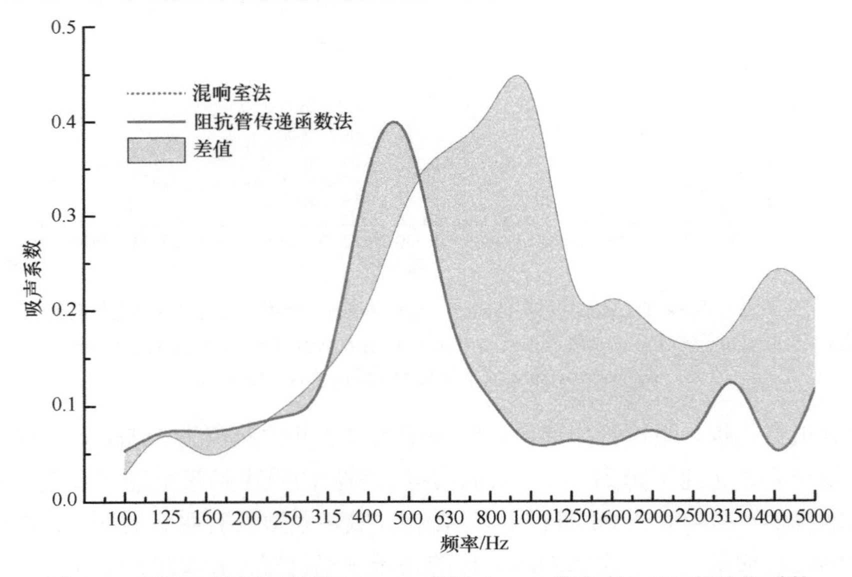

图 4-25 两种方法测试板厚 15mm、孔径 6mm、穿孔率 7.07%的吸声系数

Fig.4-25 Sound absorption coefficient of perforated panel with 15mm thickness 6mm aperture and perforation rate of 7.07% tested by two methods

针对板厚 15mm、孔径 6mm、穿孔率 7.07%的穿孔板，阻抗管传递函数法测试得到的共振频率为 400Hz，混响室法测得的共振频率为 800Hz，且混响室法测得的吸声系数峰值比阻抗管传递函数法测得的吸声系数峰值要大。在频率低于 315Hz 时，两种方法测试得到的吸声系数差值微小，315～500Hz 频率范围内，阻抗管传递函数法测得的吸声系数比混响室法测得的吸声系数大。

图 4-26 表示阻抗管传递函数法和混响室法测试得到穿孔板板厚 10mm、孔径 6mm、穿孔率 7.07%、以中密度纤维板为基材的吸声系数。

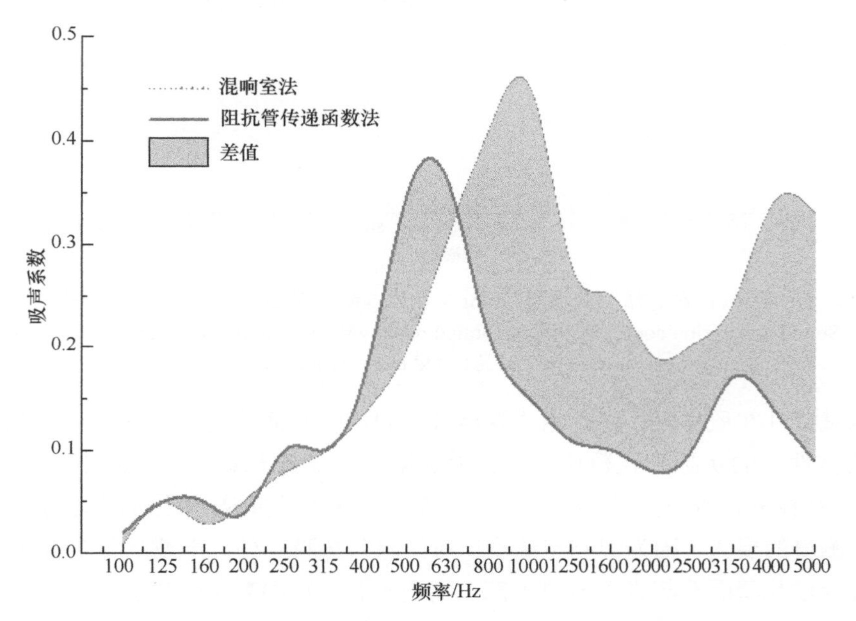

图 4-26 两种方法测试板厚 10mm、孔径 6mm、穿孔率 7.07%的吸声系数

Fig.4-26 Sound absorption coefficient of perforated panel with 10mm thickness 6mm aperture and perforation rate of 7.07% tested by two methods

如图 4-26 所示，板厚 10mm、孔径 6mm、穿孔率 7.07%的穿孔板吸声系数在 100～315Hz 频率范围内，两种方法测试得到吸声系数差异值不超过 0.02，在 315～630Hz 频率范围内，阻抗管传递函数法测试得到的吸声系数较大，630Hz 以后的中高频，阻抗管测试得到的吸声系数明显较小。阻抗管传递函数法测得的共振频率为 500Hz，而混响室法测得共振频率为 1000Hz，两种方法测试得到的共振频率差异较大。

图 4-27 表示阻抗管传递函数法和混响室法测试得到穿孔板板厚 20mm、孔径 6mm、穿孔率 7.07%、以中密度纤维板为基材的吸声系数。

两种方法测得的板厚 20mm、孔径 6mm、穿孔率 7.07%的穿孔板吸声系数差值规律与板厚 10mm 穿孔板吸声系数差值规律相近。

当孔径为 6mm 时，两种方法测试得到的吸声系数差值主要在中高频段，低频段的吻合较好。混响室法测得的吸声频带宽度明显宽于阻抗管传递函数法测得的吸声系数频带宽度，且混响室法测试得到的共振频率比阻抗管传递函数法测试得到的要大，原因是

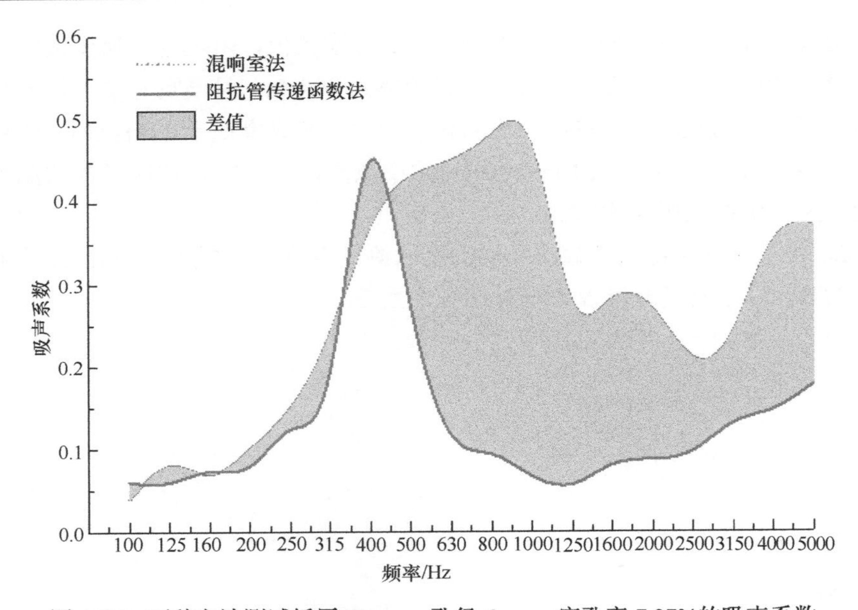

图 4-27 两种方法测试板厚 20mm、孔径 6mm、穿孔率 7.07%的吸声系数

Fig.4-27 Sound absorption coefficient of perforated panel with 20mm thickness 6mm aperture perforation rate of 7.07% tested by two methods

阻抗管测试试件在取样时，为避免边界经过孔洞，保证试样边缘的完整性，从而在取样时得到的试件上的实际开孔数比理论会稍有减小，导致穿孔率略微减小。除穿孔率为3.14%的穿孔板外，混响室法测试得到的其余组别的穿孔板吸声系数峰值均比阻抗管传递函数法测得的要大，因为混响室法测试时，除共振吸声外，声波从各个方向入射，部分声波会经过孔壁面孔隙进入材料内部，实现多孔吸声消耗部分声能。

四、孔径 9mm 穿孔板吸声性能对比

穿孔板孔径为 9mm 时，阻抗管传递函数法与混响室法测试得到的吸声系数曲线差异较大。图 4-28 表示阻抗管传递函数法和混响室法测试得到穿孔板板厚 15mm、孔径 9mm、穿孔率 3.14%、以中密度纤维板为基材的吸声系数。

混响室法测试得到板厚 15mm、孔径 9mm、穿孔率 3.14%的穿孔板吸声系数在整个频率范围内都比较小，且在 400Hz 和 4000Hz 出现了两个比较明显的峰值，根据穿孔板的吸声特性，共振频率为 400Hz；而阻抗管传递函数法测得的共振频率位置为 315Hz，吸声系数峰值为 0.56；频率低于 400Hz 时，阻抗管传递函数法测得的吸声系数比混响室法测得的吸声系数大，而在 400Hz 以后，混响室法测得的吸声系数比阻抗管传递函数法测得的要大。

图 4-29 表示阻抗管传递函数法和混响室法测试得到穿孔板板厚 15mm、孔径 9mm、穿孔率 4.91%、以中密度纤维板为基材的吸声系数。

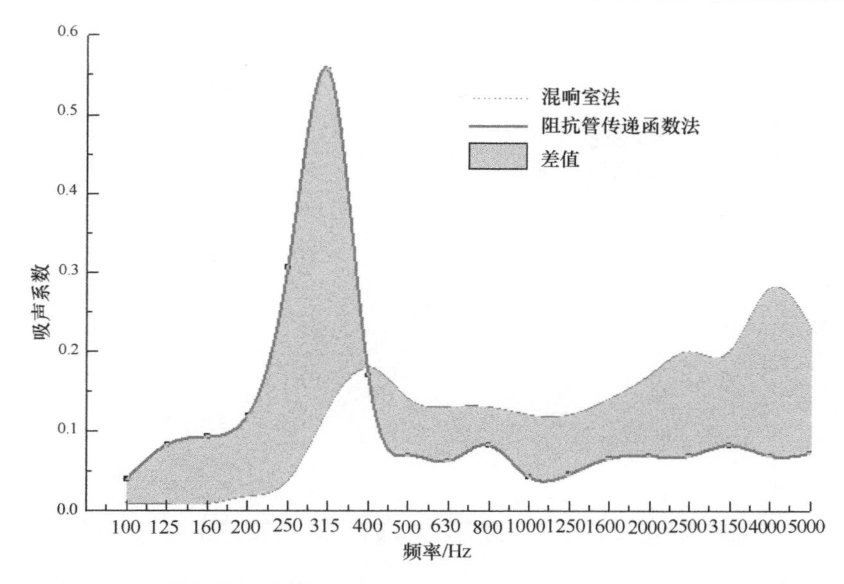

图 4-28　两种方法测试板厚 15mm、孔径 9mm、穿孔率 3.14%的吸声系数

Fig.4-28　Sound absorption coefficient of perforated panel with 15mm thickness 9mm aperture and perforation rate of 3.14% tested by two methods

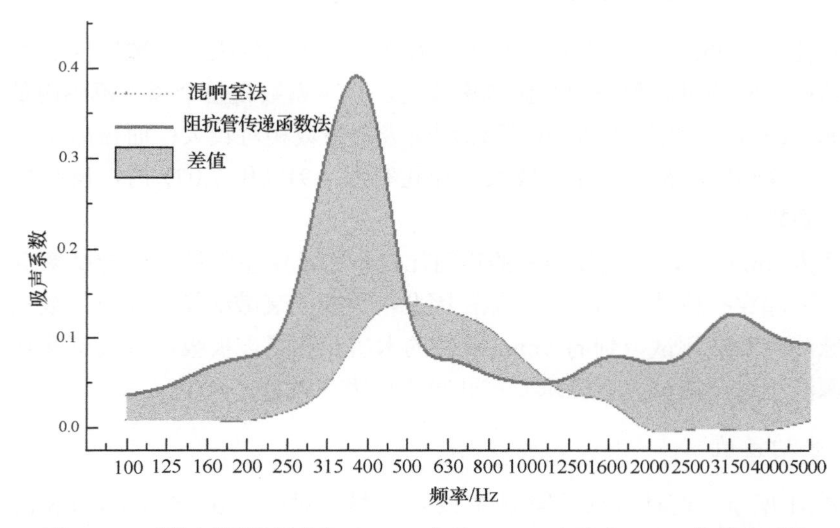

图 4-29　两种方法测试板厚 15mm、孔径 9mm、穿孔率 4.91%的吸声系数

Fig.4-29　Sound absorption coefficient of perforated panel with 15mm thickness 9mm aperture and perforation rate of 4.91% tested by two methods

板厚 15mm、孔径 9mm、穿孔率 4.91%的穿孔板吸声系数，除了中频段（500～1200Hz），其余频率位置上都是阻抗管传递函数法测试得到的吸声系数比混响室法测试得到的要大，两种方法测试得到的共振频率对应的吸声系数差值较大。

图 4-30 表示阻抗管传递函数法和混响室法测试得到穿孔板板厚 15mm、孔径 9mm、穿孔率 7.07%、以中密度纤维板为基材的吸声系数。

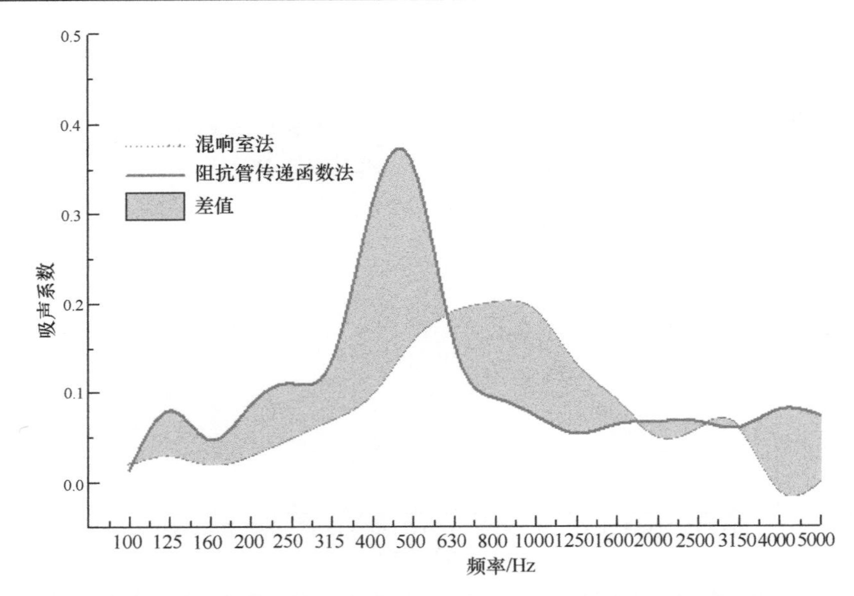

图 4-30 两种方法测试板厚 15mm、孔径 9mm、穿孔率 7.07%的吸声系数

Fig.4-30 Sound absorption coefficient of perforated panel with 15mm thickness 9mm aperture and perforation rate of 7.07% tested by two methods

当开孔孔径为 9mm 时，阻抗管传递函数法测试得到的吸声系数峰值远远大于混响室法测得的；但混响室法测得的共振频率较高，吸声系数在整个频率范围内都比较小。在频率 100～630Hz，阻抗管传递函数法测得吸声系数相对较大；而在高频段，穿孔率为 3.14%时，混响室测得吸声系数较大；穿孔率为 4.91%和 7.07%时，反而是混响室法测得吸声系数较小。

当孔径为 9mm 时，穿孔板结构的声阻比较小，孔中空气柱受到的摩擦阻力小，脉冲声源未能引起穿孔板结构的充分共振，因此，声能的衰减缓慢，吸声系数较小。所以大混响室脉冲声源法测试得到的 9mm 孔径的木质穿孔吸声板吸声系数不准确。大混响室脉冲声源法不适合测试大孔径木质穿孔吸声板吸声性能。

（一）平均差值

如图 4-31 所示，两种方法共同测试 12 组板材，对应 100～5000Hz 1/3 倍频程中心频率位置的吸声系数的差值。点代表不同试件对应两种方法测试得到的吸声系数差值，线表示所有差值的平均值。

两种方法测试得到的吸声系数差值在频率 315Hz 波动最大，且平均差值在该点达到负的最大值，而在 1000Hz 左右达到正的最大值。由曲线趋势可看出，低频段两种测试方法测得数据结果差异较小，接近零并且略微小于零，说明对同一材料结构，低频段混响室法测得的吸声系数较小；高频段平均差值大于零，说明混响室法测得的吸声系数较大。

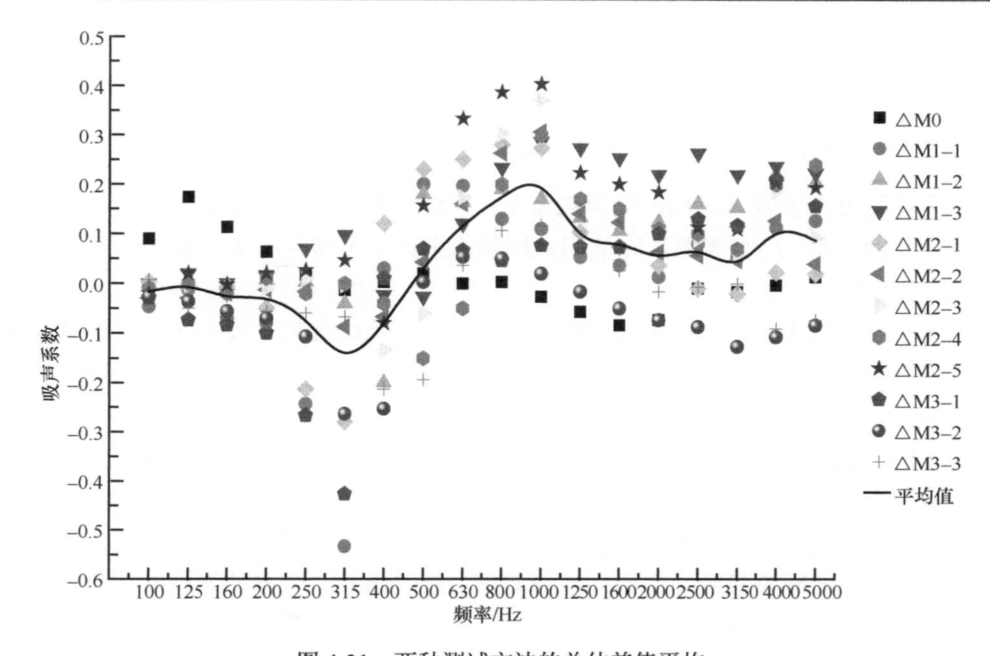

图 4-31　两种测试方法的总体差值平均

Fig.4-31　Average of all the difference between the two methods

（二）小结

阻抗管测试时，声波的入射方向垂直于测试试件表面，声波单一方向入射，规律性较强，且阻抗管进行了多个试样重复，误差较小。而混响室测试时，由于条件限制，混响室只进行一次测试，相对于试件表面，声波是随机任意方向入射的，所以两种方法测试得到的结果存在一定的差异。混响室法方便快捷，但是由于人工脉冲声源不是理想的，因此测量结果会有一定误差（彭妙颜，2006），本次混响室测试采用的声源是人工用木板敲击地面发出的，导致两种测试方法得到同一规格参数的木质穿孔吸声板共振频率位置、吸声频带宽度和吸声系数峰值均存在一定的差异。

没有穿孔的中密度纤维板，阻抗管传递函数法和混响室法测试得到的吸声系数值均比较小，且差值不大。但由于混响室测试试件面积为 10.08m^2，形成板共振吸声，共振频率为 125Hz。

当木质穿孔吸声板孔径为 3mm 时，两种方法测试得到木质穿孔吸声板的吸声系数在低频吻合得比较好，而中高频范围内，混响室法测试得到的吸声系数明显较大。

当穿孔板孔径为 6mm 时，比较两种方法测试结果，混响室法测试得到木质穿孔吸声板的有效吸声频带比较宽，共振频率位置整体向高频方向平移一段距离；除穿孔率为 3.14%穿孔板，正常情况下混响室法测得其余穿孔板吸声系数峰值都比阻抗管传递函数法测试得到的稍大。

当穿孔板孔径为 9mm 时，阻抗管传递函数法测得吸声系数频带宽度比混响室法测试得到的要窄，共振频率低。但混响室法测得的吸声系数过小，表明 9mm 孔径的穿孔板几乎没有吸声性能，显然与实际情况不符，且混响室法测得穿孔率为 4.91%和 7.07%

的穿孔板高频段吸声系数反而比阻抗管传递函数法测得的要小，所以大混响室脉冲声源法测试大孔径木质穿孔吸声板的吸声性能不可靠。

（三）木质穿孔吸声板最佳的吸声性能

木质穿孔吸声板吸声结构的吸声频带窄，平均吸声系数和降噪系数不能真实表征出它的吸声性能，因此用吸声系数峰值和共振频率来评价木质穿孔吸声板的吸声性能更能体现木质穿孔吸声板的吸声特性。

在同一穿孔率下，以刨花板为基材的穿孔板吸声性能最好，以中密度纤维板为基材穿孔板吸声性能次之，以胶合板为基材的穿孔板吸声性能最差。在不开孔情况下，同一厚度的 MDF、胶合板和刨花板的吸声规律没有明显差异。

在相同的孔径、穿孔率和板后空腔的情况下，在实验范围内，随着板厚的增加，木质穿孔吸声板吸声频带宽度稍微变窄，吸声峰值变大，共振频率向低频方向移动。

固定木质穿孔吸声板的基材、板厚、穿孔率和板后空腔，在实验范围内，随着孔径的增加，木质穿孔吸声板吸声系数均明显降低，孔径越小，吸声性能越好，孔径对穿孔板的吸声性能有显著影响。

在相同的板厚、孔径和板后空腔的情况下，在实验范围内，随着穿孔率的增加，木质穿孔吸声板吸声频带宽度变宽，吸声峰值变小，共振频率位置向高频方向移动。

板后空腔对穿孔板吸声系数峰值和共振频率均呈显著负相关，相关系数分别为–0.530 与–0.836。而板后空腔决定了安装方式，故木质穿孔吸声板结构的吸声能力很大程度上取决于安装方式，合理利用安装结构，有利于吸声性能的提高。

当穿孔板孔径较小（3mm 和 6mm）时，两种方法测试得到的吸声系数吻合得比较好，尤其是在低频。大混响室脉冲声源法测试大孔径的穿孔板吸声系数不准确，结果不具有参考价值。

木质穿孔吸声板有效吸声频带宽度比较窄，仅有几十到几百赫兹，且集中在中低频；在共振频率，吸声系数较高，最大值可达 0.92；一旦偏离中心频率位置，吸声系数迅速下降。因此，共振吸声结构适用于吸收中低频噪声；或用于室内装修适当吸收声音以优化室内声场，从而为满足特殊需求实现理想的室内声环境。

由于实木资源短缺，木质穿孔吸声板基材可以充分利用枝桠、锯末、幼龄小径木材复合而成，节约资源，降低生产成本。因此，进行新型复合材料的开发，生产轻质、性能优异的木质穿孔吸声板意义重大。因此，在现有人造板基础上，利用新型结构形式最大限度地发挥木质穿孔吸声板的吸声性能，设计出适合各种场合需求的新结构，将是未来木质穿孔吸声板发展的一大趋势，经过不断的设计及创新，将会对木质人造板吸声结构进行不断的优化。

（1）木质穿孔吸声板孔径细微化：随着生产加工技术的发展，微小孔的加工变得方便可行，孔越小，则孔周长与孔截面面积之比就越大，所以微穿孔板声质量小，声阻抗较普通穿孔板高，微孔内的空气柱与孔壁面摩擦阻力大，这样孔中心位置和靠近孔壁边缘的空气质点间速度差异大，加之空气分子间黏滞性阻力作用，可以改变微穿孔板的特性声阻抗，从而吸声特性要比普通穿孔板要优异。

（2）与多孔性吸声材料复合：当某些场合声音频率跨度比较大时，要实现对声音的控制和优化，就需要吸声频带比较宽的吸声结构。由于木质穿孔吸声板的有效吸声频率范围比较窄，难以满足要求，这时我们会想到穿孔板吸声结构主要是对声音低频段的吸收效果比较好，而多孔性吸声材料对高频段的吸声效果比较好，将两种材料复合起来，同时将两种材料的吸声性能的优越性发挥出来，从而得到理想的吸声效果。

主要参考文献

杜强，贾丽艳. 2011. SPSS 统计分析从入门到精通[M]. 北京：人民邮电出版社.

李伟森. 2008. 穿孔板吸声体的原理及应用[J]. 世界专业音响与灯光，6（6）：42-47.

马大猷. 2002. 噪声与振动控制工程手册[M]. 北京：机械工业出版社.

彭妙颜，张承云. 2006. 人工混响的设计方法[J]. 电声技术，（1）：10-13.

田汉平. 2005. 穿孔板吸声结构的频率特性分析[J]. 淮北煤炭师范学院学报，（3）：37-39.

苑改红，王宪成，侯培中. 2006. 提高穿孔板吸声性能的实验研究[J]. 天津工程师范学院学报，16（2）：31-34.

左言言，周晋花，刘海波，等. 2007. 穿孔板吸声结构的吸声性能及其应用[J]. 中国机械工程，18（7）：778-780.

Bodén H，Abom M. 1986. Influence of errors on the two-microphone method for measuring acoustic properties in ducts [J]. The Journal of Acoustical Society of America，79（2）：541-549.

Bolt R H. 1947. On the design of perforated facings for acoustic materials[J]. The Journal of Acoustical Society of America，（19）：917-921.

Callaway D B，Ramer L G. 1952. The use of perforated facings in designing low frequency resonant absorbers[J]. The Journal of Acoustical Society of America，（24）：309-312.

Chung J Y，Blaser D A. 1980. Transfer function method of measuring in-duct acoustic properties. II. Experiment [J]. The Journal of Acoustical Society of America，68（3）：914-921.

Ingård K U，Bolt R H. 1951. Absorption characteristics of acoustic material with perforated facings [J]. The Journal of Acoustical Society of America，23（5）：533-540.

Ingard K U. 1953. On the theory and design of acoustic resonators [J].The Journal of Acoustical Society of America，25（6）：1037-1061.

Ingard K U. 1954. Perforated facing and sound absorption [J]. The Journal of Acoustical Society of America，26（2）：151-154.

Jing Z H，Zhao R J，Fei B H. 2004. Sound absorption property of wood for five eucalypt species[J].Journal of Forestry Research，15（3）：207-210.

Lee Y E，Joo C W. 2004. Sound absorption properties of thermally bonded nonwovens based on composing fibers and production parameters [J]. Journal of Applied Polymer Science，92（4）：2295-2302.

Lin M D，Tsai K T，Su B S. 2009. Estimating the sound absorption coefficients of perforated wooden panels by using artificial neural networks[M]. Cambridge，England：Cambridge University Press：471-474.

Sakagami K，Morimoto M，Yairi M，et al. 2008. A pilot study on improving the absorptivity of a thick microperforated panel absorber[J].Applied Acoustics，69（2）：179-182.

Seybert A F，Ross D F. 1997. Experimental determination of acoustic properties using a two-microphone random-excitation technique [J]. The Journal of Acoustical Society of America，61（5）：1362-1370.

Yang H S，Kim D J，Kim H J. 2003. Rice straw-wood particle composite for sound absorbing wooden construction materials[J]. Bioresource Technology，86（2）：117-121.

第五章　木纤维-聚酯纤维复合吸声材料的吸声现象理论模型

第一节　引　　言

聚合物复合吸声材料为复杂的拓扑结构，声波在纤维材料内部传播特性与声波、纤维材料以及纤维之间形成的孔隙有关，当声波在复合纤维材料中传播时，三者之间相互作用构成一个复杂的动态体系。为了简化研究对象，假设声波在纤维材料内部传播时，纤维骨架不发生变形，材料内部的孔隙不发生变化，内部的空气在声波的作用下不发生压缩变形，将复合纤维吸声材料连同内部空气等效为某一特定的介质，研究声波在复合纤维吸声材料中传播特性等效研究声波在等效介质中传播特性。声波在等效介质中传播的表面阻抗和传播波数都受到等效介质的密度和体积弹性模量影响。木纤维-聚酯纤维复合吸声材料吸声现象理论模型主要是研究等效介质密度和体积弹性模量与纤维参数之间的关系。

等效介质的密度和体积弹性模量主要由材料的流阻率、黏性/热特征长度、黏性/热渗透率决定。其中，材料的流阻率、黏性/热特征长度、黏性/热渗透率主要与材料的密度、孔隙特征、纤维形态和大小有关，所以研究等效介质的密度和体积弹性模量与材料参数之间的关系，有助于研究声波在材料中的传播特性。

第二节　声波在理想流体中传播的基本理论

声波是质点的机械振动由近及远的传播，也是媒质中质点的稠密稀疏交替变化过程。声场在流体中的传播特征一般通过媒质中的声压 p、质点速度 ϑ 以及密度的变化量 ρ' 来表示。为了简化研究对象，本节涉及的声波均为平面声波，即声波沿 x 方向传播，而在 yz 平面上所有的质点的振幅和相位均相同，波振面是平面。

一、声波在理想流体中传播的 3 个基本物理定律

声波振动作为一个宏观的物理现象，必然要满足 3 个基本物理定律，即牛顿第二定律、质量守恒定律以及描述压强、温度及体积等状态参数的物态方程。为了简化研究对象和阐明声波传播的基本规律和特性，对介质及声波传播过程作出一定的假设：①介质为理想流体不存在黏滞性，声波在介质中传播没有能量损失；②媒介在没有外界干扰时，介质在宏观上速度为零，同时是均匀的，介质中静态压强 P_0、静态密度 ρ_0 都是常数；③声波在传播时为绝热过程，介质中稠密和稀疏的变化过程都是绝热的，即媒质与相邻

部分不会由于声波作用引起的温度差而产生热交换；④介质中传播的是小幅振幅声波，各声学变量都是一级微量，声压 p 远小于介质中静态压强 P_0，质点的速度 ϑ 远小于声速 c_0，质点的位移 ξ 远小于声波的波长 λ，介质的密度增量 ρ' 远小于静态密度 ρ_0。

（一）声波在流体中的运动方程

如图 5-1 所示，假设在声场中取一足够小的体积元 $dv=S\times dx$（S 为垂直于 x 轴的侧面面积），由于声压 p 随位移 x 的变化而变化，因此作用在左和右侧面的力不相等，合力导致体积单元向 x 方向移动。当声波传过时，左侧的声压为 P_0+p，右侧为 P_0+p+dp，因而作用在体积元上沿 x 轴方向的合力为

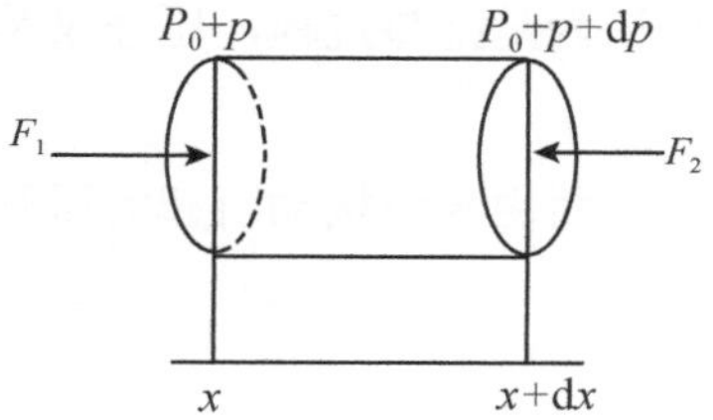

$$F = F_1 - F_2 = -S\frac{\partial p}{\partial x}\mathrm{d}x \tag{5-1}$$

图 5-1　声场中声压变化
Fig.5-1　The change of sound pressure for sound field

式中，F_1 为表示流体在声场左侧作用下的受力大小（N）；F_2 为表示流体在声场右侧作用下的受力大小（N）。

根据牛顿第二定律有：

$$\rho S\mathrm{d}x\frac{\mathrm{d}\partial}{\mathrm{d}t} = -S\frac{\partial p}{\partial x}\mathrm{d}x \tag{5-2}$$

即

$$\rho\frac{\mathrm{d}\partial}{\mathrm{d}t} = -\frac{\partial p}{\partial x} \tag{5-3}$$

式中，F 表示流体在声场作用下的受力大小（N）；p 表示声压（Pa）；ρ 表示流体的密度（g/cm^3）；t 为单位时间（s）。

方程式（5-3）为声波在流体中的运动方程，解释了声场中声压和质点速度之间的关系。

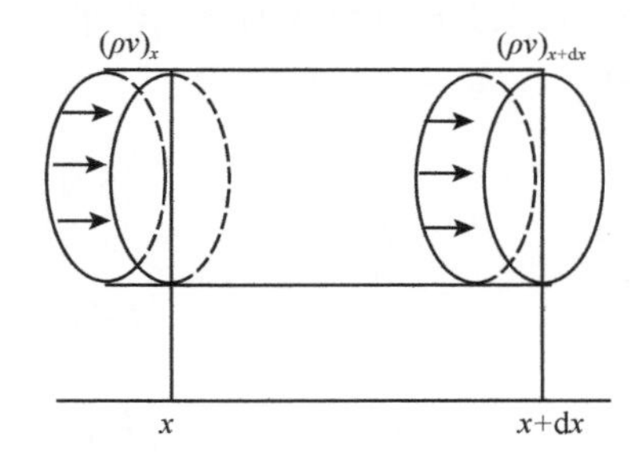

图 5-2　声场中媒质稠密变化
Fig.5-2　The change of sound density for sound field medium

（二）声波在流体中传播的连续性方程

连续性方程实质为质量守恒定律，媒质在单位时间内流入的体积元质量与流出该体积元的质量之差，等于体积元内质量的增加和减少。仍设想在声场中取一段足够小的体积元（图 5-2），其体积为 Sdx，左侧面 x 处，媒质的质点速度为 $(\vartheta)_x$，密度为 $(\rho)_x$，单位时间流入的质量为 $S(\rho\vartheta)_x$；同样在单位时间内从右侧面流出的质量为 $-S(\rho\vartheta)_{x+dx}$，根据泰勒公式去一级展开项，所以单位时间内 $d\vartheta$ 的质量变化为

$$S(p\vartheta)x-[(p\vartheta)x+\frac{\partial(p\vartheta)x}{\partial x}\mathrm{d}\,x]S = \frac{\partial p}{\partial t}S\mathrm{d}x \tag{5-4}$$

所以质点速度和密度之间的关系为

$$\frac{\partial(p\vartheta)x}{\partial x} = \frac{\partial p}{\partial t} \tag{5-5}$$

（三）物态方程

声波传过该体积元时，体积元内的压强、温度、密度发生变化，并且三者之间的变化相互联系，媒质这种状态变化规律是由热力学状态方程决定的。因为声波作用过程比较快，热传导需要的时间远大于声波作用下介质的体积压缩和膨胀过程的周期，所以在声波的传播过程中，媒质还来不及与相邻部分进行热量的交换，因而声波的作用过程可以认为是绝热过程，压强仅是密度的函数：

$$P = P(\rho) \tag{5-6}$$

而由声波扰动引起的压强和密度的微小增量则满足：

$$\mathrm{d}P = \left(\frac{\mathrm{d}P}{\mathrm{d}\rho}\right)_{\mathrm{s}} \mathrm{d}\rho \tag{5-7}$$

式中，S 表示绝热过程。考虑到压强和密度变化具有同向性，所以恒大于 0，声波在理想气体中传播的物态方程为

$$c^2 = \frac{\mathrm{d}P}{\mathrm{d}\rho} \tag{5-8}$$

式中，c 为声速（m/s）。

二、声波在理想流体中传播的波动方程

从声波在理想流体中传播的基本物理定律可以看出声学参量之间的关系都是非线性的，不可能依据这3个基本方程消去某些物理参量来得到用单一参数表示的声波方程。根据假设条件：介质中传播的是小幅振幅声波，各声学变量都是一级微量，声压 p 远小于介质中静态压强 P_0。质点速度 ϑ 远小于声速 c_0，质点的位移 ξ 远小于声波的波长 λ，介质的密度增量 ρ' 远小于静态密度 ρ_0。声波的振幅比较小，声波的各参量 p、ϑ，以及它们随时间和位移变化的变化都是微小量，并且它们的平方项以上的微量为更高级的微量，因此可以忽略。所以媒质 3 个基本方程均可以简化为

$$\rho_0 \frac{\partial \vartheta}{\partial t} = \frac{\partial p}{\partial x} \tag{5-9}$$

$$\rho_0 \frac{\partial \vartheta}{\partial x} = \frac{\partial \rho'}{\partial t} \tag{5-10}$$

$$c^2 = \frac{p}{\rho'} \tag{5-11}$$

根据以上 3 个方程可得：

$$\frac{\partial^2 p}{\partial x^2} = \frac{1 \times \partial^2 p}{c^2 \times \partial t^2} \tag{5-12}$$

根据二阶微分方程的解的形式，波动方程的解为

$$p(x,t) = A\mathrm{e}^{j(\omega t - kx)} + B\mathrm{e}^{j(\omega t + kx)} \tag{5-13}$$

式（5-13）右边第一项表示沿 x 方向进行的波，第二项表示沿着 x 轴负方向进行的波，

其中，ω 为声波角速度（rad/s）；A 和 B 为声压幅值；k 为声波波数；t 为时间；j 表示复数。

根据声波在流体中传播的速度势：

$$u_x = -\frac{1}{\rho_0}\int \frac{\partial p}{\partial x}\mathrm{d}t \tag{5-14}$$

所以声波在理想流体中传播的质点速度为

$$u(x,t) = u_a \mathrm{e}^{j(\omega t - kx)} + u_b \mathrm{e}^{j(\omega t - kx)} \tag{5-15}$$

式中，u_a 为 a 点速度势；u_b 为 b 点速度势。

三、声波在无界流体中传播的声阻抗

在理想无限大的不可压缩流体中，平面波在无界流体中传播波数为 k：

$$k = \omega(\rho / K)^{1/2} \tag{5-16}$$

式中，K 为流体的体积模量；ρ 为流体的密度。

根据式（5-13）和式（5-15），波的传播方向上（x 轴）压力和速度矢量为

$$P(x,t) = A\mathrm{e}^{-j\omega(t-kx)} \tag{5-17}$$

$$u_x(x,t) = \frac{-jkA}{\rho\omega^2}\mathrm{e}^{-j\omega(t-kx)} \tag{5-18}$$

在 x 方向上速度不为 0，所以：

$$u_x(x,t) = \frac{Ak}{\rho\omega}\mathrm{e}^{-j\omega(t-x/c)} \tag{5-19}$$

式中，c 为声速（m/s）。流体的特性阻抗为

$$v_x(x,t) = \frac{1}{Z_{\mathrm{c}}}P(x,t) \tag{5-20}$$

式中，Z_{c} 为特性阻抗。

四、在无界流体中，传播方向相反的两列波的叠加

如图 5-3 所示，在无界流体中具有相同频率的两列传播方向相反声波（P 和 P'），在流体中相互叠加，流体中任意两点（M_1、M_2 平行于声波的传播方向）的声阻抗为 Z（M_1），Z（M_2），两点之间的距离为 d。根据式（5-13）和式（5-14），反方向声波传播的压力和速度矢量为

$$P'(x,t) = A'\mathrm{e}^{j\omega(t+kx)} \tag{5-21}$$

$$u'(x,t) = \frac{A'}{Z_{\mathrm{c}}}\mathrm{e}^{j(t\omega+kx)} \tag{5-22}$$

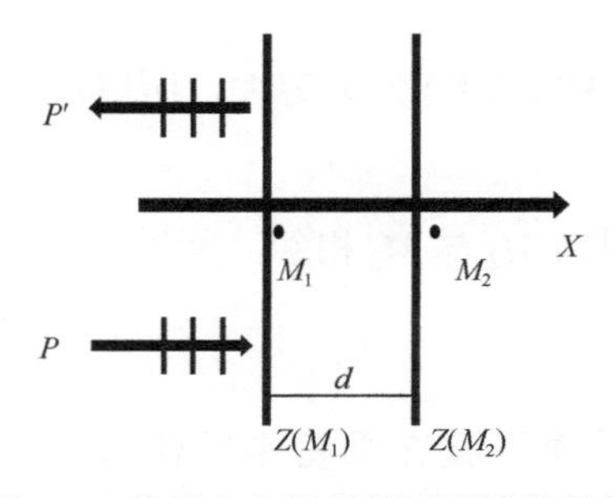

图 5-3　传播方向相反的两列波的叠加

Fig.5-3　The two column sreverse direction sound waves superposition

式中，Z_c为流体的特性阻抗。

根据式（5-17）和式（5-18）两列波的叠加方程为

$$P_T(x,t)=A\mathrm{e}^{-j\omega(t-kx)}+A'\mathrm{e}^{j\omega(t+kx)} \tag{5-23}$$

$$V_T(x,t)=\frac{A}{Z_c}\mathrm{e}^{j(t\omega-kx)}-\frac{A'}{Z_c}\mathrm{e}^{j(t\omega+kx)} \tag{5-24}$$

在时刻为 0 时，根据方程式（5-20），M_1、M_2处的声阻抗为

$$Z(M_1)=\frac{P_T(x,t)}{V_T(x,t)}=Z_c\frac{A\mathrm{e}^{-jkx}M_1+A'\mathrm{e}^{jkx}M_1}{A\mathrm{e}^{-jkx}M_1-A'\mathrm{e}^{jkx}M_1} \tag{5-25}$$

$$Z(M_2)=\frac{P_T(x,t)}{V_T(x,t)}=Z_c\frac{A\mathrm{e}^{-jkx}M_2+A'\mathrm{e}^{jkx}M_2}{A\mathrm{e}^{-jkx}M_2-A'\mathrm{e}^{jkx}M_2} \tag{5-26}$$

根据方程式（5-24）和式（5-25），M_1、M_2处的声阻抗满足下列关系：

$$Z(M_2)=Z_c\frac{-jZ(M_1)\operatorname{cotg}kd+Z_c}{Z(M_1)-jZ_c\operatorname{cotg}kd} \tag{5-27}$$

式中，k为声波传播的波数；d为流体在声波传播方向上的厚度（mm）。

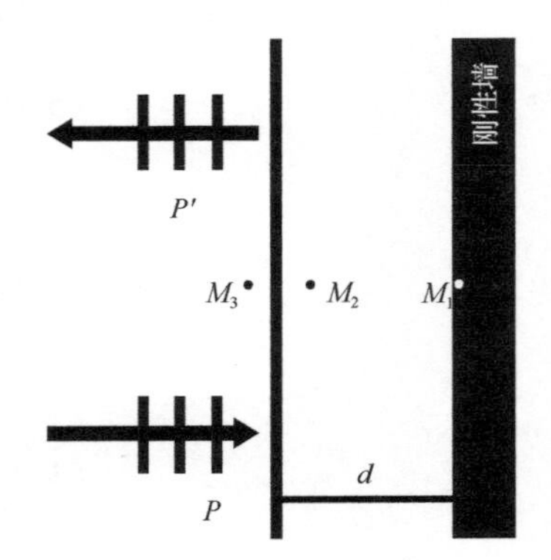

图 5-4 声波在有界流体中传播的表面阻抗

Fig.5-4 The surface impedance of fluid when sound propagated in bounded fluid

五、声波在有界流体中的传播

如图 5-4 所示，声波在紧贴刚性壁的多孔性材料中传播时，其中 P 为入射声波，P'为反射声波，M_1、M_2和M_3分别为刚性壁和多孔性材料的交界面、材料表面、材料与空气的交界面，它们的阻抗分别为 Z（M_1）、Z（M_2）、Z（M_3），其中流体厚度为 d，根据声波的传播理论 Z（M_1）、Z（M_2）、Z（M_3）满足一定的关系。

根据式（5-27），$Z(M_1)$，$Z(M_2)$满足的关系为

$$Z(M_2)=Z_c\frac{-jZ(M_1)\operatorname{cotg}kd+Z_c}{Z(M_1)-jZ_c\operatorname{cotg}kd} \tag{5-28}$$

其中$Z(M_1)$为无穷大，所以：

$$Z(M_2)=-jZ(M_1)\operatorname{cotg}kd \tag{5-29}$$

因为M_2与M_3相邻，所以：

$$Z(M_2)=Z(M_3) \tag{5-30}$$

六、平面声波在细管中的传播

如图 5-5 所示，声波在半径为 R 的细管中沿轴向传播时，假设壁管是刚性的，由于黏滞作用，介质的速度从管壁到中心存在一定的速度梯度，离管壁越远媒质质点受管壁

的约束越小，速度越大。媒质的各层之间产生相对运动，即产生黏滞力。黏滞阻力与媒质层之间的速度梯度及媒质层的接触面积成正比，设媒质层的径向距离用 r 表示，径向速度梯度表示为 $\dfrac{\partial\vartheta(r)}{\partial r}$，黏滞力可表示为

$$F_\eta = -\eta\frac{\partial\vartheta}{\partial r}\mathrm{d}\sigma \tag{5-31}$$

式中，$\mathrm{d}\sigma$ 为媒质层的接触元面积；η 为流体的切变黏滞系数。

式中的负号表示正速度梯度产生负的黏滞力。取 $\mathrm{d}x_3$ 段元运动规律，作用在 $\mathrm{d}x$ 段上处理压强引起的媒质弹性力，还受到黏滞力的作用。一般说在管子的横截面上速度梯度并不均匀，即 $\dfrac{\partial t}{\partial r}$ 不为常数，因此黏滞力在各层也不相同，于是我们再将圆形管沿径向分割成许多环元。取一环元，如图 5-5 所示，环元的内表面积为 $\mathrm{d}\sigma = 2\pi r\mathrm{d}r$，体积为 $\mathrm{d}v = 2\pi r\mathrm{d}r\mathrm{d}x_3$。作用在该环元内表面上的黏滞力可表示为

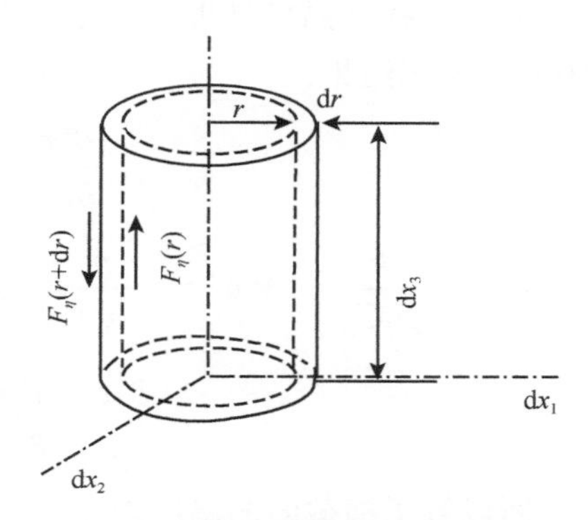

图 5-5　声波在圆柱形孔隙中传播

Fig.5-5　Sound propagation in cylindrical pore

$$F_\eta = -\eta\frac{\partial\vartheta}{\partial r}2\pi r\mathrm{d}r \tag{5-32}$$

所以作用在该环元上的净黏滞力为

$$\mathrm{d}F_\eta = \mathrm{d}F_\eta(r) - \mathrm{d}F_\eta(r+\mathrm{d}r) = \eta\frac{\partial}{\partial r}(2\pi\eta\mathrm{d}x\frac{\partial\vartheta}{\partial r}r)\mathrm{d}r \tag{5-33}$$

而作用在该环元上净弹性力可表示为

$$\mathrm{d}F_k = -\frac{\partial p}{\partial x}2\pi r\mathrm{d}r\,\mathrm{d}x_3 \tag{5-34}$$

所以作用在环元上的总应力 $\mathrm{d}F = \mathrm{d}F_\eta + \mathrm{d}F_k$，在此总力作用下环元产生的加速度，按照牛顿第二定律：

$$\mathrm{d}F = \rho_0\mathrm{d}V\frac{\partial\vartheta}{\partial t} \tag{5-35}$$

所以：

$$\frac{1}{r}\frac{\partial}{\partial r}\left(\frac{\partial\vartheta}{\partial t}r\right) - \frac{\rho_0}{\eta}\frac{\partial\vartheta}{\partial t} = \frac{1}{\eta}\frac{\partial p}{\partial x_3} \tag{5-36}$$

根据非齐次微分方程的解：

$$\vartheta_3 = -\frac{1}{j\omega\rho_0}\frac{\partial p}{\partial x_3}\left[1 - \frac{J_0(lr)}{J_0(lR)}\right] \tag{5-37}$$

式中，J_0（）表示 0 阶贝赛尔函数，$l = (-j\omega\rho_o/\eta)^{1/2}$。所以管子横截面的平均速度为

$$\bar{\vartheta}_3 = -\frac{\int_0^R \partial 2\pi r \mathrm{d}r}{\pi R^2} = -\frac{1}{j\omega\rho o}\frac{\partial p}{\partial x_3}\left[1-\frac{2}{s\sqrt{-j}}\frac{J_1(s\sqrt{-j})}{J_0(s\sqrt{-j})}\right] \tag{5-38}$$

式中，$F(\omega)=1-\dfrac{2}{s-\sqrt{-j}}\dfrac{J_1(s\sqrt{-j})}{J_0(s\sqrt{-j})}$

如图 5-5 所示，直径方向各层流体之间存在黏滞阻力，在该黏滞阻力作用下，各层流体之间存在温度梯度，在 x_3 方向流体的温度变化很小，根据 Stinson 和 Stephen（1991）研究结果：

$$\frac{\partial^2 \tau}{\partial {x_1}^2}+\frac{\partial^2 \tau}{\partial {x_2}^2}-j\omega\frac{\tau}{v}=-j\frac{\omega}{k}p \tag{5-39}$$

式中，$v'=\dfrac{k}{\rho_0 C_p}$，令 $\omega'=\omega\dfrac{\eta}{\rho_0 r'}$，所以式（5-39）可以变化为

$$\frac{\partial^2 \tau}{\partial {x_1}^2}+\frac{\partial^2 \tau}{\partial {x_2}^2}-j\omega'\frac{\rho_0\tau}{\eta}=-j\frac{\omega'\tau'\rho_0 p}{x\eta} \tag{5-40}$$

所以管子横截面的温度为

$$\tau=\frac{v'p}{k}\Psi(x_1,x_2,\omega B_2) \tag{5-41}$$

其中，解 $\Psi(x_1,x_2,\omega B_2)$ 为 $\dfrac{\partial^2\Psi}{\partial {x_1}^2}+\dfrac{\partial^2\Psi}{\partial {x_2}^2}-j\omega\dfrac{\rho_0}{\eta}\Psi=\dfrac{-j\omega\rho_0}{\eta}$ 的解，B^2 为 $\dfrac{\eta}{\rho_0 v}$。

根据理想气体状态方程和线性连续性方程，声波作用下的流体的体积弹性模量（K）为

$$K=\frac{\gamma P_0}{\gamma-(\gamma-1)F(\omega B^2)} \tag{5-42}$$

其中，$F(\omega B^2)=\bar{\Psi}\ (x_1,x_2,\omega B^2)$。根据 Johnson 等（1987）将动态曲折度 $\alpha(\omega)$ 定义为 $\dfrac{1}{F(\omega)}$，$\alpha'(\omega)$ 定义为 $\dfrac{1}{F(\omega B^2)}$，其中 $F(\omega)$ 满足下列条件：

$$F(0)=1 \tag{5-43}$$

$$\lim_{\omega\to\infty} F(\omega)=\frac{2q_0\alpha_\infty}{\Lambda\phi}\left[\frac{-j\omega p_0}{\eta}\right]^{1/2} \tag{5-44}$$

$$\alpha(\omega)=\frac{v\phi}{j\omega q_0}\left\{\sqrt{\left[1+\left(\frac{2\alpha_\infty q_0}{\phi\Lambda}\right)^2\frac{j\omega}{v}\right]}\right\}+\alpha_\infty \tag{5-45}$$

$$\alpha'(\omega)=\frac{v'\phi}{j\omega q_0'}\left\{\sqrt{\left[1+\left(\frac{2q_0'}{\phi\Lambda'}\right)^2\frac{j\omega}{v'}\right]}\right\}+1 \tag{5-46}$$

式中，ϕ 为孔隙率；ω 为声波的角频率（rad/s）；α_∞ 为孔隙曲折度；q_0 为黏性渗透率（m^2）；q_0' 为热渗透率（m^2）；Λ 为黏性特征长度（μm）；Λ' 为热特征长度（μm）。

所以声波在细管中传播时，流体的密度和体积弹性模量分别为

$$\rho = \rho_0 \alpha(\omega) \tag{5-47}$$

$$K = \frac{\gamma p_0}{\gamma - (\gamma - 1)\alpha'(\omega)} \tag{5-48}$$

第三节　木纤维-聚酯纤维复合吸声材料的吸声现象理论模型

纤维吸声材料是一种复杂的拓扑结构，声波在其中的传播特性与声波本身、纤维材料以及内部孔隙中的结构有关，当声波在复合纤维吸声材料中传播时，三者之间相互作用构成一个复杂的动态体系。为了简化研究系统，将木纤维-聚酯纤维复合吸声材料体系等价为某一特定的流体，研究声波在木纤维-聚酯纤维复合吸声材料中的特性等效研究声波在等效流体中的传播特性。将木纤维-聚酯纤维复合吸声材料体系等效为特定介质时需要满足以下条件：①声波的波长远大于纤维材料内部孔隙尺寸。声波在木纤维-聚酯纤维复合吸声材料传播，根据第三章阻抗管测试系统测量频率范围（63～6300Hz），声波的波长范围为 0.05～5.40m，最小波长远大于材料的厚度，所以声波在聚酯纤维中传播波长远大于材料内部孔隙；②复合纤维内部形成的孔隙横截面均为圆形；③声波在木纤维-聚酯纤维复合吸声材料中传播时孔隙内部空气不被压缩。同时考虑声波在木纤维-聚酯纤维复合吸声材料内部时空气与纤维壁层之间存在一定的黏性阻力和热传导作用，将木纤维-聚酯纤维复合吸声材料等效为某一特定介质，根据本章第二节声波在流体中的传播特性，声波在流体中的传播特性主要与流体的密度（ρ）和体积弹性模量（K）有关，如图 5-6 所示。所以研究木纤维-聚酯纤维复合吸声材料吸声现象理论模型实为研究材料参数与等效介质密度和体积弹性模量之间的关系。

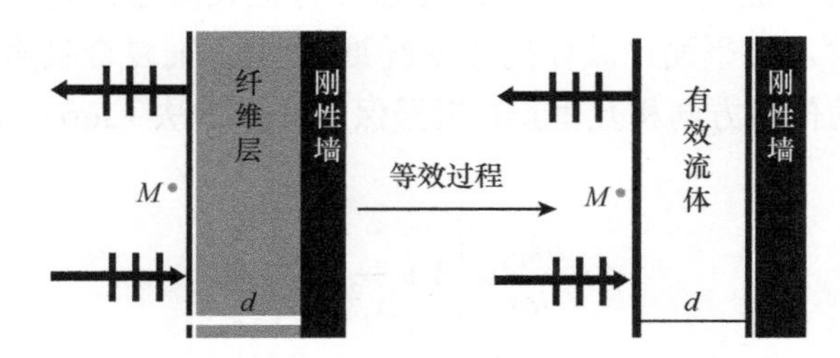

图 5-6　聚合物复合纤维吸声材料等效为某一特定的介质

Fig.5-6　The wood-polyester fiber composite is equivalent to a certain fluid

一、等效介质的密度和体积弹性模量

根据本章第二节[式（5-45），式（5-46）]声波在圆形细管中传播的传播特性以及 Johnson 等（1987）动态曲折度 α（ω）的定义，建立木纤维-聚酯纤维复合吸声材料的孔隙率、孔隙曲折度、黏性渗透率、热渗透率、黏性特征长度、热特征长度等参数与等效介质密度和体积弹性模量之间的理论关系[式（5-47），式（5-48）]。

二、等效介质的理论吸声系数

根据本章第二节中声波在有界流体中的传播理论，确定声波在流体中传播时表面阻抗和吸声系数：

$$Z_c = (\rho K)^{1/2} \tag{5-49}$$

$$k = \omega (\rho / K)^{1/2} \tag{5-50}$$

$$Z(M_2) = Z_c \frac{-jZ(M_1)\operatorname{cotg} kd + Z_c}{Z(M_1) - jZ_c \operatorname{cotg} kd} \tag{5-51}$$

式中，Z（M_1）为无穷大，所以：

$$Z(M_2) = -jZ(M_1)\cot gkd \tag{5-52}$$

M_2 与 M_3 相邻，所以 $Z(M_2)=Z(M_3)$，反射系数和吸声系数分别为

$$R(M) = \frac{p'(M_3,t)}{p(M_3,t)} = \frac{Z(M_3) - Z_c'}{Z(M_3) + Z_c'} \tag{5-53}$$

$$\alpha(M) = 1 - |R(M)|^2 \tag{5-54}$$

三、声波在木纤维-聚酯纤维复合吸声材料中传播时的基本参数

（一）木纤维-聚酯纤维复合吸声材料特征长度

特征长度反映了在声波作用下的新孔隙参数，反映了材料内部孔隙边界层对声波的作用，主要与孔隙的表面形态、有效孔径以及孔隙的有效表面积有关，$2/\Lambda$ 反映了声波作用下的孔隙有效面积和孔隙体积的比值，特征长度也决定了声波作用下黏性空气在材料中的渗透率。当平面声波作用在木纤维-聚酯纤维复合吸声材料表面时，纤维的长度方向和声波的传播方向相互垂直，根据保形变换方法（Joos，1950），声场的速度矢量为

$$\varphi = \frac{\vartheta_0}{j\omega} x_3 \left(1 + \frac{R^2}{{x_1}^2 + {x_3}^2}\right) \tag{5-55}$$

式中，x_1，x_3 分别表示图 5-5 中的方向；R 为声阻；$j\omega$ 为复数；ϑ_0 为声场的速度模数，所以在平面内的两个方向，速度的分量为

$$\vartheta_3 = \frac{\partial \vartheta}{\partial x_3} = \vartheta_0 \left[1 + \frac{R^2}{{x_1}^2 + {x_3}^2} - \frac{2R^2{x_3}^2}{({x_1}^2 + {x_3}^2)^2}\right] \tag{5-56}$$

$$\vartheta_1 = \frac{\partial \varphi}{\partial x_1} = -\frac{2\vartheta_0 R^2 x_1 x_3}{({x_1}^2 + {x_3}^2)^2} \tag{5-57}$$

所以平面内声场的合速度为

$$\vartheta^2 = {\vartheta_1}^2 + {\vartheta_3}^2 = \left(4 - \frac{4{x_3}^2}{R^2}\right){\vartheta_o}^2 \tag{5-58}$$

因此，整个纤维表面的流体的速度平方和为

$$\int_{0}^{2\pi}\vartheta^{2}(\theta)\times R\times \mathrm{d}\theta\times L=4\pi\vartheta_{0}^{2}RL \tag{5-59}$$

式中，θ表示纤维截面表面某点与水平方向的夹角。

当纤维材料的孔隙率接近1时，根据黏性特征长度Λ（Johnson et al.，1986）和热特征长度Λ'（Champoux and Allard，1991）的定义：

$$\Lambda=\frac{2\vartheta_{0}^{2}}{4\pi\vartheta_{0}^{2}RL}\frac{1}{2\pi PL} \tag{5-60}$$

式中，P为声压。

$$\Lambda'=2\Lambda=\frac{1}{\pi PL} \tag{5-61}$$

（二）声波作用下空气的动/静态黏性渗透率、动/静态热渗透率

声波通过木纤维-聚酯纤维复合吸声材料时，声波引起纤维材料内部孔隙内黏性空气局部流动。根据达西定律，动态黏性渗透率q（ω）反映了单位黏度的流体在单位压力梯度下穿过单位面积时的体积流量，即

$$\phi<\vartheta>=\frac{q(\omega)}{\eta}\nabla p \tag{5-62}$$

式中，ϕ为材料的孔隙率；$<\vartheta>$为与压力梯度∇p有关的平均流速；q（ω）为动态黏性渗透率；η为空气黏度。根据流阻率的定义，方程（5-66）当ω趋于0时：

$$\lim_{\omega\to 0}q(\omega)=q_{0}=\frac{\eta}{\sigma} \tag{5-63}$$

式中，q_0为静态黏性渗透率。

根据Johnson等（1987）关于任意频率下动态热渗透率q'（ω）定义：

$$\phi<\tau>=\frac{q(\omega)}{\eta}\frac{\partial}{\partial t}<p> \tag{5-64}$$

式中，τ为平均声压$<p>$，方程（5-68）当ω趋于0时：

$$\lim_{\omega\to 0}q'(\omega)=q'_{0}=\frac{\phi\Lambda^{-2}}{8} \tag{5-65}$$

四、小结

利用现象模型理论将木纤维-聚酯纤维复合吸声材料等效于某一特定的流体，研究声波在复合纤维吸声材料中的传播特性等效于研究声波在等效介质中的传播特性。建立了复合纤维材料的参数与等效介质密度和体积弹性模量之间的理论关系，根据声波在有界介质中的传播特性，计算声波在等效介质中传播时的表面阻抗和吸声系数。得到的主要结果如下：

（1）木纤维-聚酯纤维复合吸声材料的孔隙率、孔隙曲折度、黏性渗透率、热渗透率、黏性特征长度、热特征长度等参数与等效介质密度和体积弹性模量之间的理论关系如下：

$$\alpha(\omega)=\frac{v\phi}{j\omega q_0}\left\{\sqrt{\left[1+\left(\frac{2\alpha_\infty q_0}{\phi\Lambda}\right)^2\frac{j\omega}{v}\right]}\right\}+\alpha_\infty$$

$$\alpha'(\omega)=\frac{v'\phi}{j\omega q_0'}\left\{\sqrt{\left[1+\left(\frac{2q_0'}{\phi\Lambda'}\right)^2\frac{j\omega}{v'}\right]}\right\}+1$$

$$\rho=\rho_0\alpha(\omega)$$

$$K=\frac{\gamma p_0}{\gamma-(\gamma-1)\alpha'(\omega)}$$

（2）根据声波在有界流体中的传播理论，声波在等效介质中传播时其理论表面阻抗和吸声系数与等效介质密度和体积弹性模量之间的关系为

$$Z_c=(\rho K)^{1/2}$$

$$k=\omega(\rho/K)^{1/2}$$

$$Z(M_2)=Z_c\frac{-jZ(M_1)\operatorname{cotg}kd+Z_c}{Z(M_1)-jZ_c\operatorname{cotg}kd}$$

$$Z(M_2)=Z(M_3)=-jZ_c\operatorname{cotg}kd$$

$$R(M)=\frac{p'(M_3,t)}{p(M_3,t)}=\frac{Z(M_3)-Z_c'}{Z(M_3)+Z_c'}$$

$$\alpha(M)=1-\left|R(M)\right|^2$$

主要参考文献

Champoux Y，Allard J. 1991. Dynamic tortuosity and bulk modulus in air-saturated porous media[J]. Journal of Applied Physics，70（4）：1975-1979.

Champoux Y，Stinson M R，Daigle G A. 1991. Air-based system for the measurement of porosity[J]. The Journal of the Acoustical Society of America，89（2）：910-916.

Cox T J，Peter D A. 2004. Acoustic Absorbers and Diffusers-Theory，Design and Application [M]. London：Spon Press.

Hur B Y，Park B K，Ha D I，et al. 2005. Sound absorption properties of fiber and porous materials[C]//Materials Science Forum，475：2687-2690.

Johnson D L，Koplik J，Dashen R. 1987. Theory of dynamic permeability and tortuosity in fluid-saturated porous media[J]. Journal of Fluid Mechanics，176（1）：379-402.

Johnson D L，Koplik J，Schwartz L M. 1986. New pore-size parameter characterizing transport in porous media[J]. Physical Review Letters，57（20）：2564.

Joos G. 1950.Theoretischen Physik. 2nd ed[M]. New York：New York Hafner Pub Co.

Joos G. 1960. Theoretical Physics[M]. Lon don：Blackie & Son Limited.

Mechel F P. 2002. Formulas of acoustics [M]. Berlin：Springer Science & Business Media.

Narang P P. 1995. Material parameter selection in polyester fibre insulation for sound transmission and absorption[J]. Applied Acoustics，45（4）：335-358.

Nick A，Becker U，Thoma W. 2002. Improved acoustic behavior of interior parts of renewable resources in the automotive industry [J]. Journal of Polymers and the Environment，10（3）：115-118.

Shoshani Y，Yakubov Y. 2000. Numerical assessment of maximal absorption coefficients for nonwoven fiberwebs [J]. Applied Acoustics，59（1）：77-87.

Stinson S. 1991. New class of host molecule binds anions[J]. Chemical & Engineering News，69（50）：24.

第六章　模压法制备木纤维-聚酯纤维复合吸声材料的研究

第一节　木纤维-聚酯纤维复合吸声材料的制备

一、简述

（一）偶氮二甲酰胺发泡剂的简述

本节将木质人造板复合技术与聚合物发泡技术相结合，制备轻质多孔的木质纤维复合材料。利用偶氮二甲酰胺受热分解释放出氮气、氨气、一氧化碳等气体来发泡异氰酸酯胶黏剂，在高温环境中，胶黏剂在纤维表面的渗透更充分，从而获得轻质多孔的木质纤维复合材料。

偶氮二甲酰胺外观为橙黄色结晶粉末，纯品熔点约为230℃，在空气中的分解温度高达195～210℃，不助燃，具有自熄性，也是常规化学发泡剂中较稳定的品种之一。其显著的特征是能够促进发泡的活化剂范围较宽，选择不同类型的活化剂及调制相应的用量可以适应不同制品加工需要。

偶氮二甲酰胺分解机制：

$$H_2N-\overset{\overset{\large O}{\|}}{C}-N=N-\overset{\overset{\large O}{\|}}{C}-NH_2 \longrightarrow N_2\uparrow + CO\uparrow + H_2N-\overset{\overset{\large O}{\|}}{C}-NH_2$$

$$H_2N-\overset{\overset{\large O}{\|}}{C}-NH_2 \longrightarrow NH_3\uparrow + HNCO$$

偶氮二甲酰胺是放热型发泡剂，其热分解机制表明：受热时释放氮气、氨气、一氧化碳等气体。由于其是放热型发泡剂可能导致不可控的热量释放，并降低熔体黏度，结果出现气泡合并或产生大的气泡现象。因此，采用此种发泡剂通常得到较大尺寸的气泡结构。

本节以偶氮二甲酰胺为发泡剂来制备一种综合性能较好的新型发泡木纤维-聚酯纤维复合吸声材料。

（二）聚酯纤维的简述

聚酯纤维是由有机二元酸和二元醇缩聚而成的聚酯经纺丝所得的合成纤维。工业化大量生产的聚酯纤维是用聚对苯二甲酸乙二醇酯制成的，中国的商品名为涤纶，是当前合成纤维的第一大品种。在工业、农业、服装、装饰等方面应用极为广泛，成为化学纤维市场的主导。聚酯纤维除具有普通聚合物纤维细度大、强度高、易分散的特点，还具有突出的耐高温性能，可广泛应用于热拌合沥青混凝土工程，也可应用于高强混凝土的增强防裂，是理想的多功能增强材料。此外，聚酯纤维因其纤维特性，广泛用于制备聚酯纤维吸声材料。常见聚酯纤维参数见表 6-1。

表 6-1　聚酯纤维参数

Table 6-1　Polyester fiber parameters

参数	参数值	参数	参数值
纤维直径	（20±5）mm	抗拉强度	≥500MPa
相对密度	1.36±0.05	断裂伸长率	≥15%
熔点温度	＞258℃	耐酸碱性	强
燃点温度	＞556℃	安全性	无毒材料

二、材料与方法

（一）材料

（1）木纤维为杨木纤维：来源于中国林业科学研究院中试基地，干燥后含水率为2%～5%。

（2）聚酯纤维：购于山东泰安大华塑料制品厂，实心纤维，横切面为圆形，直径为30μm，长度为6mm，相对密度为1.36。

（3）异氰酸酯胶黏剂：购于上海亨斯迈聚氨酯有限公司，棕黄色液体，固含量为100%，黏度为工业级。

（4）发泡剂：改性偶氮二甲酰胺，工业级，购于上海精细化工原料有限公司。

（二）仪器和设备

（1）热压机，型号：QD，上海人造板机械厂有限公司生产。

（2）微机控制电子式人造板试验机，型号：WDW-W，济南时代试金仪器有限公司生产。

（3）热差补偿扫描仪，型号：DSC-60，日本岛津公司生产。

（4）驻波管，型号：JTZB，北京世纪建通科技发展有限公司生产。

（三）方法

（1）木纤维-聚酯纤维的制备流程：木纤维和聚酯纤维复合吸声材料工艺为木纤维→干燥→与聚酯纤维共混→施胶→加入发泡剂→铺装→预压→热压。

（2）木纤维-聚酯纤维复合吸声材料的制备工艺：本节在前期预试验的基础上，选定除热压温度和加压时间外的因子，通过全因子试验，得出较佳的复合温度和时间。试验设计复合温度水平为 140℃、150℃、160℃，复合时间水平为 7min、10min、13min，每组试验重复 3 次。

在整个试验的过程中，为了便于分析和比较，把复合材料的密度固定为 0.3g/cm^3、厚度为 10mm、施胶量为 8%、发泡剂加量为 12%、木纤维/聚酯纤维为 3∶1，板材的幅面积为 400mm×400mm。

静曲强度（MOR）、弹性模量（MOE）、内结合强度（IB）和 2h 吸水厚度膨胀率

（TS）按照 GB/T17657—1999《人造板及饰面人造板理化性能分析方法》测定；吸声系数按照 GBJ88—1985《驻波管法吸声系数与声阻抗率测量规范》测定；材料的物理力学性能参考 LYT1718—2007《轻质纤维板》标准。

三、杨木纤维基本特性的测量

（一）杨木纤维长度及直径的测量

本试验中使用的杨木纤维与传统制备纤维板的纤维不同，以多根纤维构成的纤维束为主要单元，本节中所提及的木纤维均为杨木纤维束。随机抽取 300 根木纤维，测量其长度和直径，结果见图 6-1 和图 6-2。

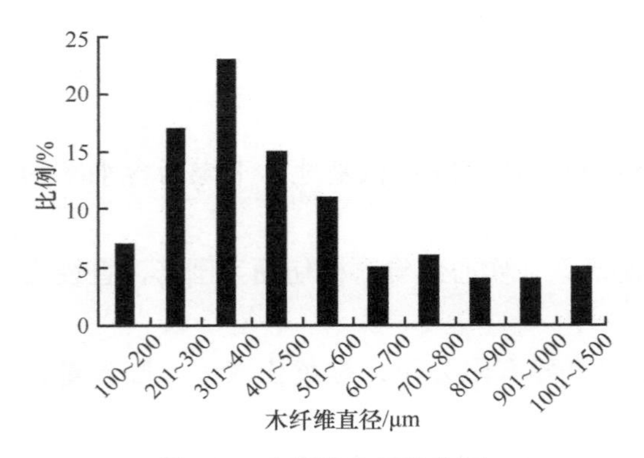

图 6-1　木纤维直径分布图
Fig.6-1　The diameter distribution of wood fiber

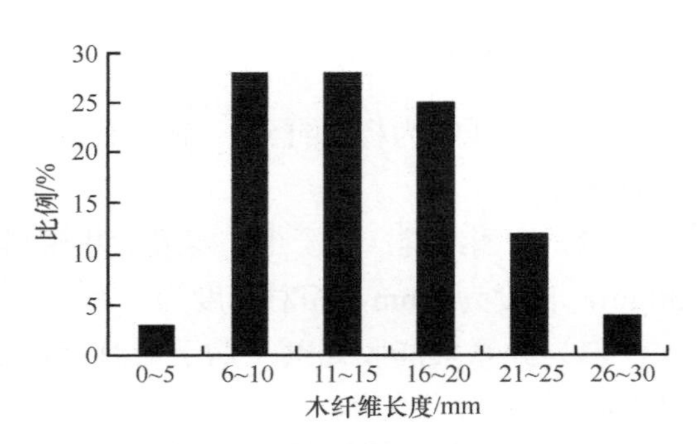

图 6-2　木纤维长度分布图
Fig.6-2　The length distribution of wood fiber

从图 6-1 可以看出，杨木纤维的直径主要分布在 200～600μm；从图 6-2 可以看出，长度主要分布在 6～20mm。

（二）木纤维扫描电镜微观结构观察及分析

利用扫描电子显微镜分别对木纤维及聚酯纤维的表面结构特征进行观察，结果如图 6-3。

图 6-3　单根纤维端头破损
Fig.6-3　The tip breakage of a wood fiber

图 6-4　纤维端头及表面结构
Fig.6-4　A tip of wood fiber and surface structure

由图 6-4 可以看出，木纤维是内部中空且纤维端头部分呈开口的管状纤维，杨木纤维中存在大量的细胞腔，这些细胞腔中的空气可通过细胞壁上的纹孔或破损的纤维两端与外界发生交换。此外，在磨制纤维的过程中，也可能使纤维损坏，从而使空腔中的气体与外界发生交换。而这种结构与常用于制备纤维吸声材料的玻璃纤维和矿物质纤维相比，有利于声波能量的损耗。

当电镜放大倍数增大至 1 万倍时，可见纤维表面呈现鱼鳞状的突起（图 6-5）和孔隙（图 6-6），突起结构并非木纤维本身的结构，而是杨木纤维在热磨的过程中受挤压而形成。该种结构增加了纤维的表观接触面积和纤维表面粗糙度，有利于声波能量衰减。

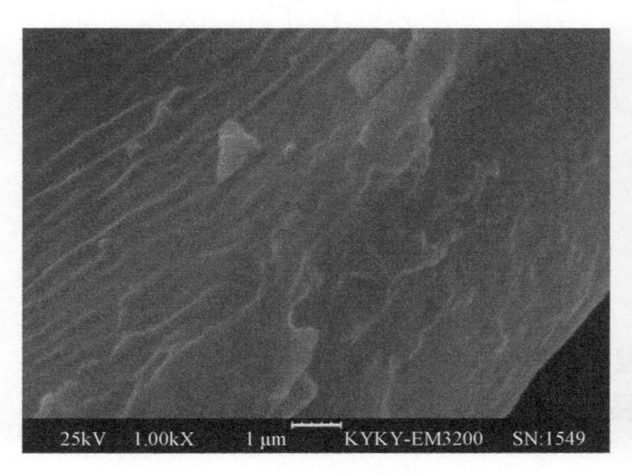

图 6-5　纤维表面鱼鳞状结构
Fig.6-5　Scaly structure of the wood fiber surface

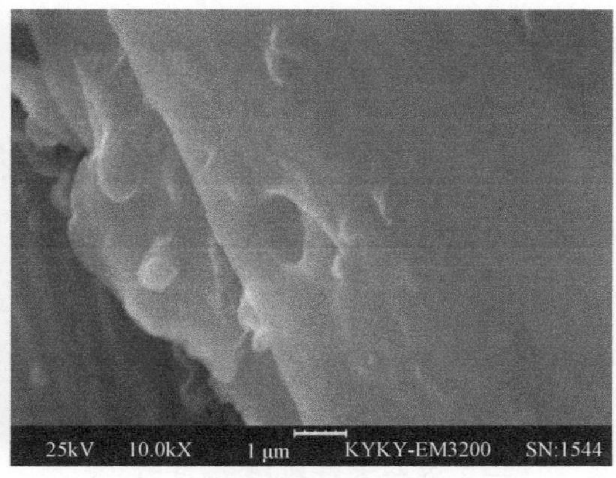

图 6-6　纤维表面纹孔结构
Fig.6-6　The pits of wood fiber surface

（三）聚酯纤维微观结构观察及分析

由图 6-7 和图 6-8 可见，聚酯纤维表面光滑，无凹凸不平的结构，木纤维与聚酯纤维化学组成以及结构的差异导致了表面结构的差异以及它们内聚能与黏弹性特性的不同，从而使得它们的强度、弯曲度等诸多物理性质存在区别，最终影响其吸声性质。

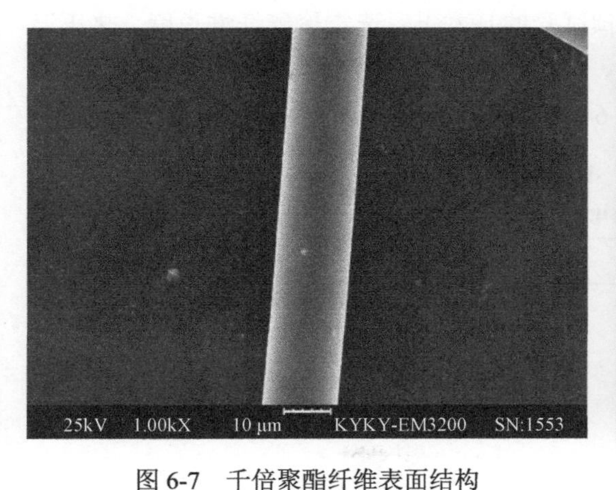

图 6-7　千倍聚酯纤维表面结构
Fig.6-7　The surface structure of the polyester fiber in 1kX

图 6-8　万倍聚酯纤维表面结构
Fig.6-8　The surface structure of the polyester fiber in 10kX

四、偶氮二甲酰胺分解温度的确定

利用岛津 DSC-60，获得发泡剂的质量随温度升高变化的热分析曲线。图 6-9 和图 6-10 为发泡剂的 DSC（differential scanning calorimetry）曲线，测试范围为 25～250℃。

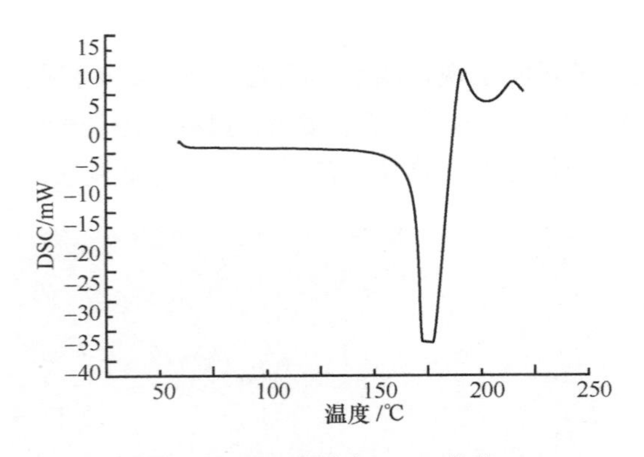

图 6-9　AC 发泡剂 DSC 曲线
Fig.6-9　DSC curves of AC

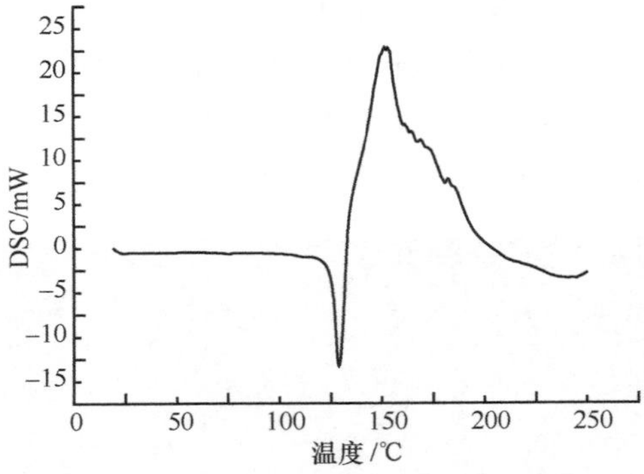

图 6-10　改性后 AC 发泡剂 DSC 曲线
Fig.6-10　DSC curves of modified AC

通过分析可知，纯 AC 发泡剂的分解温度范围为 190～210℃（图 6-9），而改性后的 AC 发泡剂的分解温度为 135～145℃（图 6-10），达到了期望的分解温度。

（一）混合木纤维/聚酯纤维

在实验室条件下，将木纤维和聚酯纤维人工预混合，并利用风力混合装置将预混合纤维通过负压吸入混合设备管道，混合纤维在风力作用下与管道壁进行碰撞、摩擦进一步混合木纤维和聚酯纤维，然后通过转子的机械力将纤维束打散、搅拌，最后进入旋转的气流环境中进一步混合，通过多次重复混合，将木纤维/聚酯纤维混合至均匀。

（二）确定较佳聚酯纤维长度试验

（1）单因子试验设计：本试验在前期预试验的基本上，选定聚酯纤维长度、热压温度、加压时间、木纤维/聚酯纤维、施胶量、发泡剂加量、密度 7 个因子。先固定除聚酯纤维长度外的因子，通过单因素试验（表 6-2），确定较佳的聚酯纤维长度。

表 6-2　试验设计
Table 6-2　Design of Experiments

因子	水平		
聚酯纤维长度/mm	4	6	8
热压温度/℃	150	150	150
加压时间/min	10	10	10
木纤维/聚酯纤维	3:1	3:1	3:1
施胶量/%	12	12	12
发泡剂加量	8%	8%	8%
密度/（g/cm^3）	0.3	0.3	0.3

（2）单因子试验结果及分析：由表 6-3 分析可得，聚酯纤维长度对材料的 2h 吸水厚度膨胀率和内结合强度具有显著性影响，而对静曲强度、弹性模量和吸声系数无显著性影响。从表 6-4 可以看出，当聚酯纤维长度为 6mm 时，复合材料的物理力学性能都较优。分析原因为，4mm 时纤维长度相对过短，力学性能相对较差，而当纤维长度为 8mm 时，纤维束不易分散，其纤维混合均匀度不如 4mm 和 6mm 的聚酯纤维。

表 6-3　工艺因子水平的方差分析及显著性检验

Table 6-3　Variance analysis and significance test of the process factors

性能	平方和	自由度	均方	F 值	显著性
2h 吸水厚度膨胀率	0.002	2	0.001	4.611	0.013*
内结合强度	0.07	2	0.035	19.161	0**
静曲强度	0.212	2	0.106	0.047	0.954
弹性模量	9832.124	2	4916.062	0.342	0.712
平均吸声系数	0	2	0	0.373	0.704

注：α=0.05，*表示显著，**表示极显著

表 6-4　木纤维-聚酯纤维复合吸声材料力学性能及吸声系数

Table 6-4　The mechanical and acoustic properties of sound-absorbing materials of wood fiber and polyester fiber

聚酯纤维长度/mm	2h 吸水厚度膨胀率/%	内结合强度/MPa	静曲强度/MPa	弹性模量/MPa	吸声系数
4	4.48	0.189	3.344	216	0.365
6	4.27	0.215	3.709	316	0.365
8	5.50	0.140	2.367	239	0.358

五、材料复合工艺确定

根据上述确定的试验设计方案、复合材料的方法、材料性能测试的标准以及测试方法，进行材料的复合以及性能的测试。

（一）力学性能试验结果分析

研究木纤维-聚酯纤维复合吸声材料的物理力学性能测试结果汇总于表 6-5，试验数据的极差分析见表 6-6。《轻质纤维板》标准中，要求功能性纤维板密度小于 0.35g/cm^3 时，MOR 大于等于 2.0MPa，2h 吸水厚度膨胀率小于等于 12%。

表 6-5　木纤维-聚酯纤维复合吸声材料力学性能

Table 6-5　The mechanical properties of sound-absorbing materials of wood fiber and polyester fiber

编号	热压温度/℃	加压时间/min	2h 吸水厚度膨胀率（TS）/%	内结合强度（IB）/MPa	静曲强度（MOR）/MPa	弹性模量（MOE）/MPa
1	140	7	5.5	0.048	1.157	108
2	140	10	5.9	0.071	2.059	120

续表

编号	热压温度/℃	加压时间/min	2h 吸水厚度膨胀率（TS）/%	内结合强度（IB）/MPa	静曲强度（MOR）/MPa	弹性模量（MOE）/MPa
3	140	13	5.9	0.083	2.093	181
4	150	7	6.5	0.077	2.862	223
5	150	10	6.6	0.117	3.582	304
6	150	13	6.4	0.102	3.332	265
7	160	7	6.8	0.084	2.229	196
8	160	10	6.5	0.107	3.157	266
9	160	13	6.0	0.092	3.726	291

表 6-6　工艺因子水平指标的极差分析

Table 6-6　The maximum difference analysis under the process factors and levels

工艺因子	水平值	热压温度	加压时间	工艺因子	水平值	热压温度	加压时间
2h 吸水厚度膨胀率（TS）	1	0.175 421	0.189 72	弹性模量（MOE）	1	409.333 3	528.166
	2	0.196 514	0.191 41		2	792.666 7	690.166
	3	0.194 011	0.184 80		3	753.166 7	736.833
	极差 *R*	0.018 59	0.006 60		极差 *R*	0.093 542	0.086 58
内结合强度（IB）	1	0.202 125	0.208 08	静曲强度（MOR）	1	5.308 333	6.248 16
	2	0.295 667	0.29466		2	9.776	8.797 5
	3	0.282	0.27704		3	9.112 333	9.151
	极差 *R*	0.093 542	0.086 58		极差 *R*	4.467 667	2.549 33

（1）热压温度和加压时间对 2h 吸水厚度膨胀率（TS）的影响：2h 吸水厚度膨胀率是检验轻质纤维板物理力学性能的重要指标之一。2h 吸水厚度膨胀率越低，材料的耐水性越好。热压温度和加压时间对 TS 的显著性影响见表 6-7。

表 6-7　2h 吸水厚度膨胀率方差分析及显著性检验

Table 6-7　2h water absorption thickness expansion rate variance analysis and significance test

因子	III 型平方和	自由度（df）	均方	*F* 值	显著性（Sig.）
热压温度	0.001	2	0.001	3.306	0.041*
加压时间	0.000	2	5.398×10^{5}	0.312	0.733
误差	0.018	103	0.000		
总计	0.447	108			

注：α=0.05，*表示显著

由表 6-7 可知，热压温度对 2h 吸水厚度膨胀率的影响较显著，随着热压温度升高，2h 吸水厚度膨胀率呈增大趋势。当发泡时间一定，随热压温度的升高，发泡剂的有效分解率变大，材料孔隙率逐渐增加，则水分与空隙的接触面积也增大，2h 吸水厚度膨胀率有所增加。

加压时间对 2h 吸水厚度膨胀率的影响不显著，原因是时间水平间差异很小（表 6-6）。

理论上分析其原因为，温度在140～160℃时，随着发泡时间的延长，材料孔隙率基本无明显变化，说明在该温度范围内，时间为7～10min时，发泡剂已分解，这与通过DSC确定的发泡剂温度为140℃左右分解的测量值一致。

（2）热压温度和加压时间对IB的影响：IB是反映材料内部纤维间胶合质量好坏的关键，是检验轻质纤维板物理力学性能的重要指标之一。IB越高，材料的内结合性能就越好。热压温度及加压时间对材料IB的影响程度见表6-8。

表6-8　IB方差分析及显著性检验

Table 6-8　Variance analysis and significance test of IB

因子	III型平方和	自由度（df）	均方	*F*值	显著性（Sig.）
热压温度	0.020	2	0.010	33.942	0.000**
加压时间	0.017	2	0.008	27.838	0.000**
误差	0.031	103	0.000		
总计	0.879	108			

注：α=0.05，**表示极显著

从表6-5可以看出，在一定范围内，随热压温度的升高，复合材料的IB有所提高。表6-8中表明热压温度对材料的IB有显著性影响，在140℃时，最小IB为0.05MPa，而在150℃时，最大IB为0.12MPa。原因可能是，压机温度为150℃时，材料内部温度为140℃左右，与发泡剂的最佳分解温度相吻合，此时，发泡剂发泡量最大，利于胶黏剂在纤维表面均匀分布，此时温度也达到胶黏剂的最佳固化温度，从而使得材料的IB最大。随着热压温度的进一步升高，发泡剂的分解速度加快，在单位时间内产生的气体量过大，在气体冲击力的作用下，材料形成局部塌陷，导致IB值略微降低。

表6-8表明加压时间对IB有显著性影响。从表6-5可以看出，随加压时间的增加，材料的IB呈增加的趋势。当温度一定时，加压时间越长，胶黏剂的固化效果越好，因此材料的IB值越大。

（3）热压温度和加压时间对MOR的影响：MOR是表示材料抵抗弯曲应力而不被破坏所表现出的最大能力，是决定材料应用价值及使用领域的一个重要的力学性能指标。热压温度及加压时间对材料MOR的影响程度见表6-9。

表6-9　MOR方差分析及显著性检验

Table 6-9　Variance analysis and significance test of MOR

因子	III型平方和	自由度（df）	均方	*F*值	显著性（Sig.）
热压温度	13.065	2	6.532	3.135	0.048*
加压时间	6.499	2	3.250	1.560	0.215
误差	210.424	101	2.083		
总计	428.591	106			

注：α=0.05，*表示显著

由表6-5知，随热压温度的升高，MOR先增大后略减小，热压温度对静曲强度的

影响较显著（表 6-9）。当热压温度为 150℃时，最接近发泡剂的最佳分解温度，此时发泡剂的发泡量最大，形成的泡孔结构均匀，使得复合材料的强度增加；若温度过低，则发泡剂分解不完全，形成的泡孔结构较少且不均匀；温度过高，发泡剂分解迅速，材料内部形成局部塌陷；因此温度过高或过低，都会使复合材料的静曲强度在一定程度上有所下降。

由表 6-9 可以看出，加压时间对材料的 MOR 的影响并不显著，其水平间差异不大（表 6-6）。复合材料的 MOR 随着加压时间的延长而稍微有所增加，之后有所减小。分析其原因为，在 7min 时，发泡剂未完全分解，胶黏剂未完全固化，使得复合材料的 MOR 较低；在 10min 时发泡剂分解完全且胶黏剂固化效果较好，此时得到的 MOR 值较大；随着温度再升高，MOR 无太明显的变化。

（4）热压温度和加压时间对 MOE 的影响：MOE 是材料在极限范围内，抵抗外力改变其形状或是体积的能力，是衡量材料刚性的指标。表 6-10 反映了热压温度及加压时间对材料 MOE 影响的程度。

表 6-10 MOE 方差分析及显著性检验

Table 6-10 Variance analysis and significance test of MOE

因子	III 型平方和	自由度（df）	均方	*F* 值	显著性（Sig.）
热压温度	99 995.056	2	49 997.528	3.595	0.031*
加压时间	33642.654	2	16 821.327	1.209	0.303
误差	1 404 729.859	101	13 908.216		
总计	2 834 875.000	106			

注：α=0.05，*表示显著

由表 6-10 可以看出，热压温度对材料的 MOE 有较显著影响，加压时间对材料的 MOE 无显著影响。从表 6-5 可以看出，随着热压温度的升高，MOE 先增大后略微减小，而且水平显著性检验表明，不同热压温度对 MOE 的影响差异较显著，在 140℃时，材料的最小 MOE 为 108MPa，而在 150℃时，材料的最大 MOE 为 304MPa。原因可能为热压温度为 150℃时，最接近发泡剂的最佳分解温度，此时发泡剂的发泡量最大，形成的泡孔结构均匀，此时的胶黏剂在气体的推力作用下，可以更好地分布于纤维表面，从而使得材料的弹性模量较好。

（二）声学性能结果及试验分析

（1）加压时间对材料吸声系数的影响：在热压温度为 150℃，加压时间分别为 7min、10min、13min 条件下，制备的复合材料利用驻波管进行吸声系数的测量，所得结果如图 6-11 所示。

由图 6-11 分析可得，加压时间对材料的吸声性能几乎无影响，分析原因可能为，在 150℃的热压温度下，发泡剂在 7min 内，已完全分解，复合材料内部孔隙结构已在所分解的气体作用下形成，故随着加压时间的延长，其多孔的孔隙结构已不会再发生太大变化，故在 150℃的条件下，加压时间范围为 7～13min，随着加压时间的延长，材料

的吸声系数无太大变化。因此，加压时间对材料的吸声性能几乎无影响。

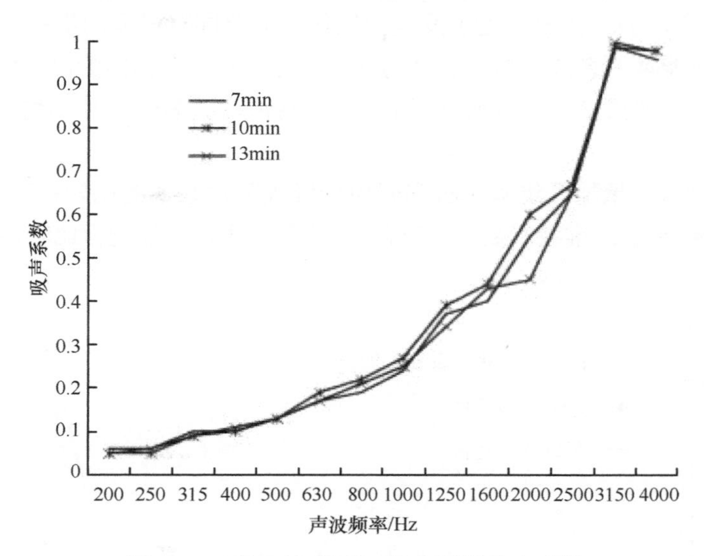

图 6-11 不同时间条件下复合材料吸声系数

Fig.6-11 Comparison of sound absorption coefficient of composite material at same temperature but different time

（2）热压温度对材料吸声系数的影响：测量在加压时间为 10min 的条件下，热压温度分别为 140℃、150℃、160℃时制备的复合材料，其吸声系数结果如图 6-12 所示。

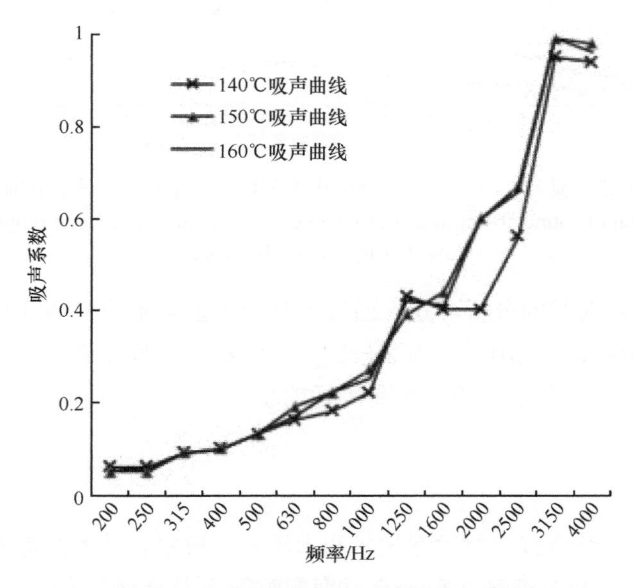

图 6-12 不同温度条件下材料吸声系数

Fig.6-12 Comparison of sound absorption coefficient of composite material at same time but different temperature

由图 6-12 的曲线分析可知，低频时，热压温度对材料的吸声系数几乎无影响，原因为多孔材料对低频的声波能量吸收能力很差，材料内部孔隙结构对声波能量的衰减几乎无太大作用。随着频率的提高，在 150℃和 160℃条件下的复合材料吸声系数相对于 140℃均有所提高。因为该温度处于发泡剂较佳分解范围，形成的泡孔结构多且均匀，有利于高频声波能量的衰减。热压温度为 140℃时，材料内部实际温度低于 140℃，低于发泡剂的最佳分解温度，发泡剂分解不完全，形成的孔隙较少且不均匀，因而影响其吸声性能。

（3）复合材料、聚酯纤维吸声板和轻质纤维板吸声系数的比较：对木纤维-聚酯纤维复合吸声材料、聚酯纤维吸声板、普通轻质纤维板的吸声性能进行比较，结果见图 6-13。

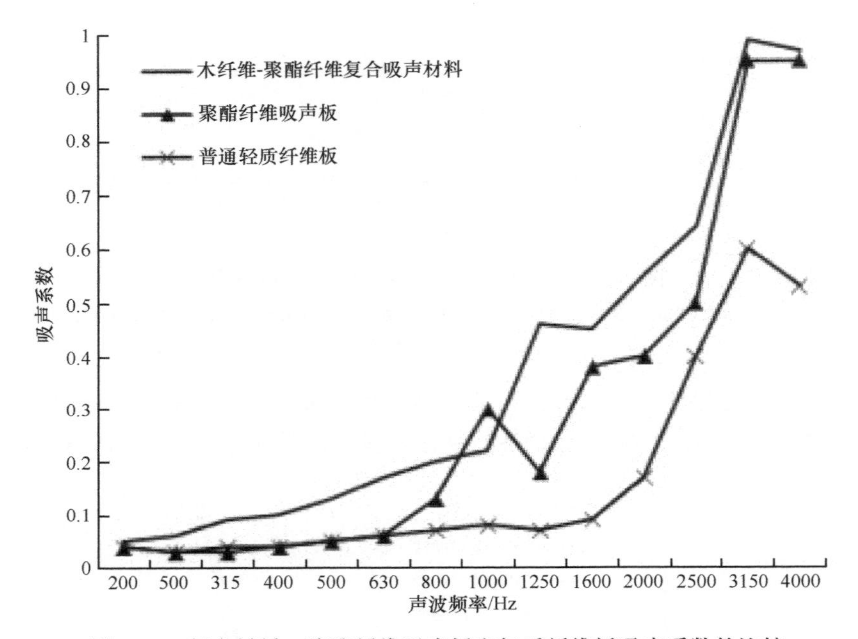

图 6-13　复合材料、聚酯纤维吸声板和轻质纤维板吸声系数的比较

Fig.6-13　Comparison of sound absorption coefficient of composite material and polyester fiber board and low-density wood fiber board

由图 6-13 吸声曲线的分析可知，通过该复合工艺制备的材料其吸声系数好于普通的轻质纤维板，与现在广泛用于室内装修的聚酯纤维吸声板相近。进一步表明利用该工艺制备木纤维-聚酯纤维复合吸声材料是可行的。

六、结论

（1）试验表明，结合聚合物发泡技术和木质人造板复合技术，将木纤维和聚酯纤维施加一定量的胶黏剂和发泡剂，在一定温度和时间下复合制备木纤维-聚酯纤维复合吸声材料的方法是可行的。

（2）在全因子试验结果中，除了在热压温度为 140℃、加压时间为 7min 条件下复合的板材，其 MOR 为 1.2MPa，未达到轻质纤维板的要求（MOR≥2.0MPa）外，在其他工艺条件下制备的板材，其物理力学性能均达到轻质纤维板标准的要求。

（3）材料较佳的复合工艺为，热压温度150℃，加压时间10min，在此工艺条件下制备的轻质多孔材料2h吸水厚度膨胀率仅为6.6%，IB为0.12MPa，MOR为3.6MPa，MOE为304MPa，具有较好的物理力学性能；此外，该材料在高频段具有较好的吸声性能，在该工艺条件下制备的材料，声波频率在3150Hz时，吸声系数高达0.98，具有较好的高频声吸收能力。

第二节　木纤维-聚酯纤维复合吸声材料性能的研究

木材是一种天然高分子材料，一种可持续发展的资源，因其来源丰富而越来越显示出其重要地位，主要由纤维素、半纤维素和木质素构成，是一种毛细管-多孔性-胶体材料，表面具有极性、吸附性和渗透性，从这个特点上来讲，木纤维具有一定的吸声能力。在吸声材料领域内，以往人们较注重研究单一材料的吸声降噪性能，而对复合材料的吸声特性研究较少。吸声材料必须实现从过去单一吸声材料向高吸声性、装饰性、经济性和环保性等多功能复合材料的转变。将刚性的木纤维和柔性的聚酯纤维利用聚合物发泡技术和木质人造板复合工艺技术制备成复合吸声材料，降低了该材料的密度，同时又尽可能最小化地影响材料的物理力学性能，而提高材料的吸声性能，符合木质人造板高效重组化、功能化、多元复合化的研究趋势。本节探讨了不同工艺条件对木纤维-聚酯纤维复合吸声材料性能的影响，为复合吸声材料的发展和应用提供参考。

一、材料与方法

（一）材料

（1）木纤维为杨木纤维，来源于中国林业科学研究院中试基地，干燥后含水率为2%～5%。

（2）聚酯纤维，购于山东泰安大华塑料制品厂，实心纤维，横切面为圆形，直径30μm，长度为6mm，密度为1.38～1.40g/cm^3。

（3）异氰酸酯胶黏剂，购于上海亨斯迈聚氨酯有限公司，棕黄色液体，固含量为100%，黏度为工业级。

（4）发泡剂，改性偶氮二甲酰胺，工业级，购于上海精细化工原料有限公司。

（二）仪器和设备

（1）热压机，型号：QD，上海人造板机械厂有限公司生产。

（2）微机控制电子式人造板试验机，型号：WDW-W，济南时代试金仪器有限公司生产。

（3）阻抗管，型号：UA-1630，丹麦Bruel&Kjær公司生产。

（三）方法

（1）工艺流程：木纤维-聚酯纤维复合吸声材料工艺为木纤维→干燥→木纤维与聚酯纤维混合→施胶→加入发泡剂→二次混合→铺装→预压→热压。

（2）工艺因子的确定：采用 L_9（3^4）正交试验表（表 6-11），确定木纤维/聚酯纤维、发泡剂加量、施胶量和密度等因素对复合材料的物理性能的影响。

表 6-11 正交试验的表头设计
Table 6-11 Orthogonal test factorial header design

因素	水平		
	1	2	3
木纤维/聚酯纤维	1∶1	3∶1	9∶1
施胶量/%	6	12	18
施胶量			
发泡剂加量/%	4	8	12
密度/（g/cm³）	0.2	0.3	0.4

前期通过全因子试验确定复合工艺的较佳热压温度为 150℃，较佳加压时间为 10min，板材尺寸为 400mm×400mm×10mm。

（3）产品性能测试：静曲强度（MOR）、弹性模量（MOE）、内结合强度（IB）和 2h 吸水厚度膨胀率（TS）按照 GB/T17657—1999《人造板及饰面人造板理化性能分析方法》测定；复合吸声材料力学性能和 2h 吸水厚度膨胀率评价标准参考 LY/T1718—2007《轻质纤维板》；吸声系数按照 GBJ88—1985《驻波管法吸声系数与声阻抗率测量规范》测定。

二、木纤维-聚酯纤维复合吸声材料的力学性能

木纤维/聚酯纤维、发泡剂加量、施胶量和密度等因素对复合材料的物理力学性能的影响结果见表 6-12，极差分析见表 6-13。

表 6-12 木纤维-聚酯纤维复合吸声材料力学性能
Table 6-12 The mechanical properties of sound-absorbingmaterials of wood fiber and polyester fiber

编号	木纤维/聚酯纤维	施胶量/%	发泡剂加量/%	密度/（g/cm³）	静曲强度/MPa	弹性模量/MPa	内结合强度/MPa	2h 吸水厚度膨胀率/%
1	1∶1	6	4	0.2	1.0	118.7	0.028	1.99
2	1∶1	12	8	0.3	5.8	345.8	0.097	4.11
3	1∶1	18	12	0.4	9.7	406.3	0.244	3.89
4	3∶1	6	8	0.4	8.3	426.6	0.254	4.90
5	3∶1	12	12	0.2	1.3	180.0	0.046	2.60
6	3∶1	18	4	0.3	6.2	335.6	0.272	3.15
7	9∶1	6	12	0.3	4.5	362.3	0.196	5.80
8	9∶1	12	4	0.4	12.6	604.1	0.648	5.19
9	9∶1	18	8	0.2	2.2	212.2	0.148	3.34

表 6-13　工艺因子水平指标的极差分析

Table 6-13　The maximum difference analysis under the process factors and levels

工艺因子	水平值	木纤维/聚酯纤维	施胶量	发泡剂加量	密度
静曲强度	1	5.248	4.587	6.589	1.499
	2	5.483	6.556	5.405	5.487
	3	6.423	6.01	5.16	10.167
	极差	1.175	1.969	1.429	10.167
弹性模量	1	290.278	302.556	352.833	170.278
	2	314.111	318.056	328.222	347.944
	3	392.889	376.667	316.222	479.056
	极差	102.611	74.111	36.611	308.778
内结合强度	1	0.123	0.159	0.316	0.074
	2	0.191	0.264	0.166	0.188
	3	0.331	0.222	0.162	0.382
	极差	0.14	0.105	0.154	0.308
2h 吸水厚度膨胀率	1	0.033	0.042	0.034	0.026
	2	0.036	0.04	0.041	0.044
	3	0.048	0.035	0.041	0.047
	极差	0.015	0.007	0.007	0.021

（一）复合吸声材料静曲强度的影响因素

从表 6-14 可以看出，木纤维/聚酯纤维、施胶量、发泡剂加量和密度对复合吸声材料的静曲强度有极显著的影响，从表 6-12 可以看出，试验的 4 个因子中，密度对其影响最显著。

表 6-14　静曲强度方差分析及显著性检验

Table 6-14　Variance analysis and significance test of MOR

因子	III 型平方和	自由度	均方	*F* 值	显著性
木纤维/聚酯纤维	13.905	2	6.953	17.189	0.000**
施胶量	37.196	2	18.598	45.980	0.000**
发泡剂加量	21.017	2	10.508	25.980	0.000**
密度	677.550	2	338.775	837.554	0.000**
误差	18.202	45	0.404		
总计	2533.314	54			

注：α=0.05，**表示极显著

表 6-12 表明，静曲强度随着木纤维/聚酯纤维值的增加而增大，即木纤维含量越高，复合材料的静曲强度越好。分析原因为，木纤维为刚性纤维，相对较容易混合均匀，而聚酯纤维为柔性纤维，纤维混合均匀度相对较差，因此，木纤维含量越高，纤维混合均匀度越好；此外，木纤维束长度为 10～25mm，聚酯纤维长度为 6mm，木纤维较长，平

行于复合材料板面的纤维含量增大，使静曲强度提高。

从表 6-12 可以看出，随着施胶量的增加，材料的静曲强度也随之增加，施胶量在 12%和 18%时，材料的静曲强度分别为 6.567MPa 和 6.03MPa，由此可见，当施胶量达到 12%时，再增大施胶量，静曲强度的变化值很小。当施胶量在 4%时，胶黏剂不足以均匀分布于整个纤维表面，但随着施胶量的增大，胶黏剂会渐渐包覆于整个纤维表面，此时为最佳施胶量。

由表 6-13 可见，随着发泡剂加量的增加，静曲强度呈减小趋势。适量的发泡剂，有利于胶黏剂更好浸润、分布于纤维表面，使得复合吸声材料的静曲强度有所提高。过量的发泡剂，在气泡成核、增长、稳定的过程中，大量的气体外排，从而导致胶黏剂被挤压至气体冲击力的薄弱处，则胶黏剂分布不均匀。因此，固化后复合材料强度变异大，静曲强度有所降低。

对静曲强度影响显著性最大的为密度（表 6-13），复合材料的密度越大，单位体积的纤维和胶黏剂含量就越多，胶黏剂在纤维表面的渗透就更充分，因而其静曲强度越大。

（二）复合吸声材料弹性模量的影响因素

弹性模量是物体产生单位应变所需要的应力，它表征材料抵抗变形的能力大小，是表示材料力学性能的重要常数。一般来说，物体的弹性模量越大，在外力作用下越不易变形。

木纤维/聚酯纤维越大，材料的弹性模量越大。从组成材料的纤维单元分析，木纤维为刚性纤维而聚酯纤维为柔性纤维，因此单个木纤维的弹性模量值大于聚酯纤维的弹性模量，故木纤维比例越高，材料的弹性模量越大。

由表 6-13 可知，施胶量越大，材料的弹性模量越大。因为施胶量越大，胶黏剂与纤维表面的接触面积越大，胶黏剂在纤维表面的渗透就更加充分，因此，施胶量越大，复合材料的弹性模量越大。

从表 6-15 可知，发泡剂加量对复合材料的弹性模量影响不显著。从表 6-13 可知，随着发泡剂的增加，材料的弹性模量呈现减小的趋势。因为过量发泡剂使得胶合界面胶黏剂的分布出现薄厚不均的情况，则胶黏剂固化后的固化层也薄厚不均，薄处的力学强度会降低，从而导致整个界面的弹性模量降低，宏观上则表现为复合材料的弹性模量降低。

表 6-15　弹性模量方差分析及显著性检验

Table 6-15　Variance analysis and significance test of MOE

因子	III 型平方和	自由度	均方	F 值	显著性
木纤维/聚酯纤维	103 818.037	2	51 909.019	18.375	0.000**
施胶量	55 007.815	2	27 503.907	9.736	0.000**
发泡剂加量	12 540.481	2	6 270.241	2.220	0.120
密度	864 595.704	2	432 297.852	153.030	0.000**
误差	127 121.167	45	2 824.915		
总计	7 130 461.000	54			

注：α=0.05，**表示极显著

从表 6-15 可知，密度对材料的弹性模量影响最为显著。密度越大，材料的弹性模量越大。单位体积内，密度越大，微观上纤维含量越大，纤维与纤维间的搭接点数目也会增多，纤维间的胶合面积增大，因而材料的弹性模量也会随着增加。

（三）复合吸声材料内结合强度的影响因素

从表 6-16 可以看出，木纤维/聚酯纤维、施胶量、发泡剂加量、密度对复合吸声材料的 IB 值都有显著性的影响。显著性大小依次为密度＞木纤维/聚酯纤维＞发泡剂加量＞施胶量。

表 6-16　IB 方差分析及显著性检验

Table 6-16　Variance analysis and significance test of IB

因子	III 型平方和	自由度	均方	*F* 值	显著性
木纤维/聚酯纤维	1.010	2	0.505	208.943	0.000**
施胶量	0.248	2	0.124	51.283	0.000**
发泡剂加量	0.693	2	0.347	143.368	0.000**
密度	2.186	2	1.093	452.117	0.000**
误差	0.305	126	0.002		
总计	10.671	135			

注：α=0.05，**表示极显著

从表 6-13 可知，随着木纤维/聚酯纤维的增大，复合材料内结合强度也随之增加。原因有两个：首先，木纤维表面粗糙度较大，而聚酯纤维表面较光滑，因而胶黏剂与木纤维的结合强度要高于聚酯纤维；其次，木纤维相对聚酯纤维为刚性纤维，容易混合至均匀，而聚酯纤维为柔性纤维，相对易结团，结团的纤维内部容易造成缺胶，从而使得部分纤维间结合强度较差。

从表 6-13 可以看出，随着施胶量的增加复合材料 IB 值先增大后减小。原因为增加施胶量可以增加纤维单位面积上的胶量，从而增加纤维与纤维间接触面积的胶黏剂含量，增加纤维间的胶合强度，从而宏观上增大复合材料的内结合强度；而过大的施胶量则使得纤维表面包覆过多的胶黏剂，纤维间的胶层过厚，固化层也越厚，此时，材料的脆性会增加，从而降低其内结合强度。

随着发泡剂用量的增加，静曲强度有逐渐减小的趋势（表 6-13）。适量的发泡剂使得胶黏剂均匀流展于纤维表面，从而提高纤维表面界面的胶合性能，而过量的发泡剂则会产生大量气体，过强的气体冲击力会使得胶黏剂向气体冲击力薄弱处移动，从而使得胶黏剂堆积，影响胶黏剂的均匀分布，导致材料整体内结合强度下降。

从表 6-13 可以看出，材料的密度对 IB 值影响最大，随着材料密度的增加，IB 值明显增大。材料密度增加，微观上增加了纤维与纤维间的接触面积，增多了纤维搭接点的数目，从而增加了纤维间的胶合强度，宏观上增大了复合材料内结合强度。

（四）复合吸声材料2h吸水厚度膨胀率的影响因素

由表6-13得知，随着木纤维/聚酯纤维的增加，复合材料的2h吸水厚度膨胀率有逐渐增大的趋势。原因为聚酯纤维为合成纤维，吸湿率相对木纤维低很多，在温度为20℃和相对湿度为65%条件下吸湿量仅为0.4%～0.5%，即使在相对湿度为100%时，吸湿率也仅为0.6%～0.8%，而木纤维为多羟基的天然纤维，水分子会打开木纤维分子链之间的氢键，产生新的游离羟基，再通过这些游离羟基与水分子形成新的氢键结合，从而使得分子链间的距离增大，因此木纤维有较强的吸湿性。故在其他条件相同的前提下，木纤维比例越大，复合材料的吸湿性越强。

从表6-17中可知，木纤维/聚酯纤维、施胶量以及密度对2h吸水厚度膨胀率的影响为极显著。而随着施胶量的增大，材料的2h吸水厚度膨胀率呈现降低趋势，因为材料的施胶量越大，纤维表面与胶黏剂的接触面积就越大，对于木纤维来说，胶黏剂与纤维表面游离羟基的结合数量就越多，减少了木纤维表面游离羟基与水分子接触的概率，从而降低了材料的吸水厚度膨胀率。

表6-17 2h吸水厚度膨胀率方差分析及显著性检验

Table 6-17 Variance analysis and significance test of the thickness expansion rate of water absorbing

因子	III型平方和	自由度	均方	*F*值	显著性
木纤维/聚酯纤维	0.005	2	0.003	65.257	0.000**
施胶量	0.001	2	0.001	16.236	0.000**
发泡剂加量	0.001	2	0.001	15.681	0.000**
密度	0.011	2	0.005	126.809	0.000**
误差	0.005	126	4.204×10^{-5}		
总计	0.228	135			

注：α=0.05，**表示极显著

随着发泡剂含量的逐渐增加，材料的2h吸水厚度膨胀率呈现增加的趋势。原因为发泡剂加量有一个临界值，当单位体积的发泡剂数量达到一定值时，便会出现塌泡现象，从而导致泡孔分布不均匀，木纤维与胶黏剂结合面胶黏剂分布不均匀，使得木纤维表面本由胶黏剂覆盖的游离羟基裸露，从而增加与水分子结合羟基数量，因此材料的2h吸水厚度膨胀率变大。

密度越大，单位体积厚度方向上纤维的数量越多，而2h吸水厚度膨胀率增加的根本原因为木纤维表面的游离羟基与水分子结合，即单位厚度上游离羟基越多，单位体积内结合水分子数目越多，因此材料的2h吸水厚度膨胀率越大。

三、木纤维-聚酯纤维复合吸声材料的声学性能

测量9个工艺条件下制备样品的吸声系数，每个样品测量重复3次，由于制备的材料为多孔性纤维材料，在低频段吸声性能的变异不大，在中高频不同条件下差异显著，因此取整个频段的吸声系数平均值评价其吸声性能的大小，以便于统计分析。木纤维-

聚酯纤维复合吸声材料的吸声系数测量结果见表 6-18，对 27 组平均吸声系数的极差和方差显著性分析分别见表 6-19 和表 6-20。

表 6-18　木纤维-聚酯纤维复合吸声材料吸声性能

Table 6-18　The sound absorption properties of sound-absorbing materials of wood fiber and polyester fiber

编号	木纤维/聚酯纤维	施胶量	发泡剂加量	密度	吸声系数
1	1∶1	6	4	0.2	0.618 167
2	1∶1	12	8	0.3	0.405 073
3	1∶1	18	12	0.4	0.346 928
4	3∶1	6	8	0.4	0.458 444
5	3∶1	12	12	0.2	0.605 974
6	3∶1	18	4	0.3	0.409 893
7	9∶1	6	12	0.3	0.437 421
8	9∶1	12	4	0.4	0.357 863
9	9∶1	18	8	0.2	0.656 651

表 6-19　工艺因子水平指标的极差分析

Table 6-19　The maximum difference analysis under the process factors and levels

工艺因子	水平值	木纤维/聚酯纤维	施胶量	发泡剂加量	密度
吸声系数	1	0.456	0.504	0.461	0.626
	2	0.491	0.456	0.507	0.417
	3	0.484	0.471	0.463	0.388
	极差	0.035	0.048	0.046	0.238

表 6-20　吸声性能的方差分析及显著性检验

Table 6-20　Variance analysis and significance test of the sound absorption property

因子	III 型平方和	自由度	均方	*F* 值	显著性
木纤维/聚酯纤维	0.006	2	0.003	2 720.663	0.000**
施胶量	0.011	2	0.005	4 614.575	0.000**
发泡剂加量	0.012	2	0.006	5 133.521	0.000**
密度	0.304	2	0.152	131 429.635	0.000**

**表示极显著

由表 6-20 可知，木纤维/聚酯纤维、施胶量、发泡剂加量、密度对木纤维-聚酯纤维复合吸声材料的吸声性能有显著性影响。

（一）木纤维/聚酯纤维对复合材料吸声性能的影响

由表 6-19 可知，木纤维/聚酯纤维的水平对复合材料吸声性能影响强弱依次为 3:1＞9:1＞1:1。即随着木纤维/聚酯纤维的增加，材料吸声性能先增加后减小。分析原因为木纤维和聚酯纤维为两种不同种类的纤维，化学组成以及结构的差异导致了它们内聚能与黏弹性的不同，从而使得它们在骨架强度、弯曲度等诸多物理性质上存在区别，最终影响其吸声性能。研究认为该复合材料的吸声机理有两种。其一为其主导作用的多孔吸声机理，通过黏滞性和导热性的协同作用来达到对声波能量的损耗；木纤维为刚性纤维，纤维表面粗糙度较大，可以增加声波的接触面积从而提高声学性能；它对材料的吸声性能也有很大的影响。其二为阻尼吸声机理，聚酯纤维为柔性纤维，具有较大的黏弹性，在声波作用下会产生滞后效应和弹性形变，产生压缩和拉伸不同变形，产生剪切应力和应变，从而耗散声波的能量。木纤维和聚酯纤维的化学构成不同，对声波的黏滞性和导热性都有不同程度的差异，决定了这两种纤维具有不同的吸声性能；此外，当复合材料的孔隙率一定时，线性静流阻随着纤维直径的增加而减小，使得空气摩擦减弱，吸声效果降低，而木纤维的直径范围为200～600μm，聚酯纤维的直径为30μm，因此木纤维、聚酯纤维有不同的静流阻，故吸声性能也有不同程度差异。

综上所述，不同配比的木纤维和聚酯纤维，对声波能量的损耗能力也不同，由表6-19可见，较佳的木纤维/聚酯纤维为 3∶1，此时两种纤维的配比制备的复合材料对声波能量的衰减效果较好。

（二）施胶量对复合材料吸声性能的影响

由表 6-19 可知，不同施胶量对复合材料吸声性能的影响程度不同。这是因为在胶黏剂和发泡剂协同作用的过程中，胶黏剂可控制气泡孔径的大小、孔隙率、开孔率等，使得吸声材料的孔隙更多更小，开孔率更大，其吸声性能就越高。若施胶量过小，则胶黏剂很难形成泡孔结构，因此不利于声波能量损耗；过多的胶黏剂会使得泡孔生长受限，造成泡孔孔径过小，形成较多的闭孔结构而影响材料的吸声性能。此外，施胶量越大，纤维表面包覆的胶黏剂越多，则胶黏剂固化后纤维的刚性就越大，该结构不利于纤维在声波能量作用下发生形变而损耗其能量。因此施胶量过大或是过小都会影响材料的吸声性能。

（三）发泡剂加量对复合材料吸声性能的影响

当单位体积的施胶量一定时，发泡剂加量对吸声材料的吸声性能有一个临界值，超过该临界值，则吸声性能有所降低。人类能够听见的声波波长范围为0.017～17m。声波主要是通过衍射进入多孔材料内部，发泡剂用量过少时，则发泡剂分解产生的气体无法使胶黏剂均匀分布，无法形成均匀的孔隙结构，且发泡的孔径过小。当孔径过小时，声波在材料表面更容易发生反射而非衍射，这使得材料的吸声性能降低。反之当发泡剂的用量过大时，体系中分解的气体越来越多，流体中的气体膨胀力越来越大，部分气泡超过流体所能承受的极值，流体内部的泡孔出现串孔或者塌陷，多余的气体沿着纤维外壁逸出，使得胶黏剂向气体冲击力薄弱的区域流动，从而导致泡孔分布不均匀、泡孔孔径变异大，部分气泡则孔径过大，声波能够顺畅地通过材料，其与孔壁产生的有效摩擦阻尼比较小，能量消耗降低，得到的吸声效果自然比较差。因此，适量的发泡剂，可以使胶黏剂更加均匀地分布于纤维表面，形成均匀致密的胶合界面，且发泡产生的孔隙结构也分布均匀，此时形成的泡孔值最优，材料具有较好的吸声性能。

（四）密度对复合材料吸声性能的影响

吸声材料的密度值与其孔隙率和流阻率有密切相关性。而孔隙率和流阻率是影响多孔材料的两个重要因素。但在实际工程运用中，测定材料的流阻率和孔隙率通常比较困难，可以通过材料的密度粗略地估算其孔隙率和流阻率。多孔材料的密度与纤维、经络直径以及固体密度有密切关系，同一种纤维材料，密度越大，孔隙率越小，流阻率越大。当厚度一定而增加材料的密度时，当密度引起的孔隙率和流阻率超过最佳的范围值时，材料太密实，反射的声能较多，材料的吸声性能会变弱；当厚度一定、材料密度减小时，材料的流阻率小于最佳流阻率而孔隙率大于材料的最佳孔隙率时，声波与材料的相互作用减小，导致声波易透过材料，声学性能下降。因此对于多孔纤维类吸声材料，一般有一个最优的密度范围值。由表 6-19 可知，木纤维-聚酯纤维复合吸声材料的较佳密度值为 0.2g/cm^3。密度为 0.2g/cm^3 的吸声材料，可见内部有许多微小细孔直通材料表面，其内部也可见许多相互连通的气泡，该材料的形态达到纤维多孔吸声材料的结构要求，进一步说明在试验范围内，该密度为较佳的制备工艺密度。

（五）复合材料的声学特性分析

在热压温度为 150℃、加压时间为 10min、木纤维/聚酯纤维为 3∶1、施胶量为 12%、发泡剂加量为 8%、密度为 0.2g/cm^3、厚度为 10mm 的工艺条件下制备的复合材料，对其声学性能进行分析，吸声系数随声波频率变化的变化曲线图见图 6-14。

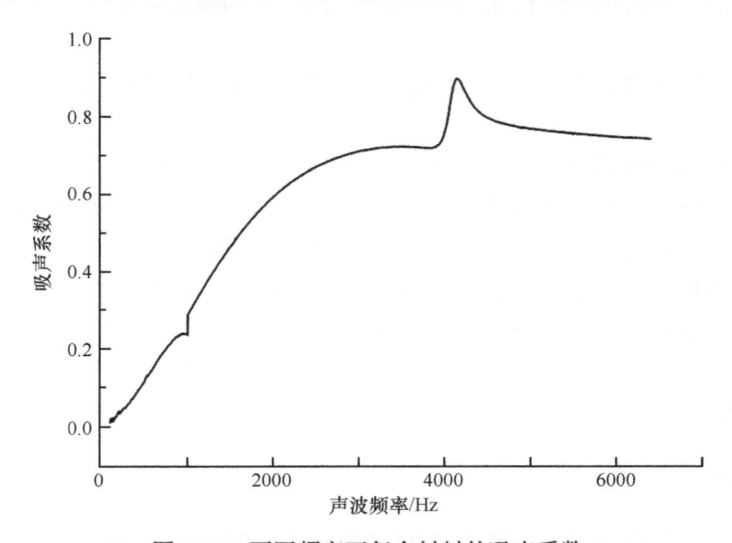

图 6-14　不同频率下复合材料的吸声系数

Fig.6-14　The sound absorption coefficient of the composites under different frequency

由图 6-14 可知，材料的吸声系数在 100～4148Hz，随着声波频率的增大而增大，在 4148Hz 处吸声峰值为 0.896，频率继续增大，吸声系数略有下降。该材料在中高频段具有较好的吸声性能。该材料是纤维多孔材料，吸声的主导机理为多孔吸声机理，当声波入射到多孔材料表面时，首先是由于声波产生的振动引起小孔或间隙内的空气运动，造成与孔壁的摩擦，紧靠孔壁和纤维表面的空气受孔壁的影响不易动起来，由于摩擦和黏滞力的作用，相当一部分声能转化为热能，从而使声波衰减，反射声减弱达到吸声的目的；其次，小孔中的空气和孔壁与纤维之间的热交换引起的热损失，也使声能衰减。而声波频率越高，空隙间空气质点的振动速度越快，空气与孔壁的热交换也加快。这就使多孔材料具有良好的高频吸声性能。

四、结论

（1）随着木纤维/聚酯纤维的增大，复合吸声材料的静曲强度、弹性模量和内结合强度有所提高，而2h吸水厚度膨胀率也随之增大。

（2）增加施胶量，复合吸声材料的力学性能呈先增加后减小的趋势，2h吸水厚度膨胀率也随施胶量的增加而减小。

（3）在试验范围内，随着发泡剂施加量增加，复合吸声材料的各项力学指标都有不同程度的降低，2h吸水厚度膨胀率有所增大。

（4）随着密度的增加，复合吸声材料的力学性能都有大幅度的提高，2h吸水厚度膨胀率也有明显的增大。

（5）当声波频率为4148Hz时，该材料有明显的吸声峰值，其吸声系数为0.896，总体而言，木纤维-聚酯纤维复合吸声材料在中高频段具有较好的声吸收能力。

（6）从声学性能和力学性能两个角度考虑，制备木纤维-聚酯纤维复合吸声材料的较优工艺条件为木纤维/聚酯纤维为3∶1，施胶量为12%，发泡剂加量为8%，密度为0.2g/cm^3。

第三节　木纤维-聚酯纤维复合吸声材料吸声性能的试验分析

木质吸声材料有轻质木纤维板、木质穿孔吸声板、木丝板等，也有学者对实木、刨花板、轻质麦秸板、竹木复合材的吸声性能进行了研究。本节将木纤维和聚酯纤维施加一定量的胶黏剂，在发泡剂的作用下，通过热压工艺制备出多孔的纤维复合吸声材料，为了更加有针对性地控制噪声，需要了解和把握材料及其结构的声学特性，并利用阻抗管测量不同结构的材料在不同条件下的吸声系数，为该材料应用提供参考。

一、材料与方法

（一）材料

（1）外购软木贴面材料，密度为0.2～0.3g/cm^3，幅面为500mm×500mm。

（2）素板，木纤维-聚酯纤维复合吸声板，密度为0.2g/cm^3，厚度分别为10mm、20mm、30mm，幅面为400mm×400mm。

（3）异氰酸酯胶黏剂，购于上海亨斯迈聚氨酯有限公司，棕黄色液体，固含量为100%，黏度为工业级。

（二）仪器和设备

（1）压机，型号：QD，上海人造板机械厂有限公司生产。

（2）阻抗管，型号：UA-1630，丹麦 Bruel&Kjær 公司生产。

（3）扫描电镜，型号：KYKY-EM3200，北京中科科仪技术发展有限责任公司生产。

（三）方法

试验方法：通过单因素试验，利用阻抗管测量在 50～6400Hz，不同密度、厚度、空气流阻率、板后空腔以及贴面与否的复合材料的吸声系数，探讨上述因素对木纤维-聚酯纤维复合材料声学性能的影响。

样品素板的制备：在木纤维/聚酯纤维为 3∶1、施胶量为 12%、发泡剂加量为 8%、热压温度为 150℃、加压时间为 10min 工艺条件下制备木纤维-聚酯纤维复合吸声材料。样品见图 6-15。

贴面板材的制备:将软木饰面材料涂以胶黏剂覆盖于素板两面压制而成，样品见图 6-16；图 6-17 为木丝板；图 6-18 为聚酯纤维吸声板。

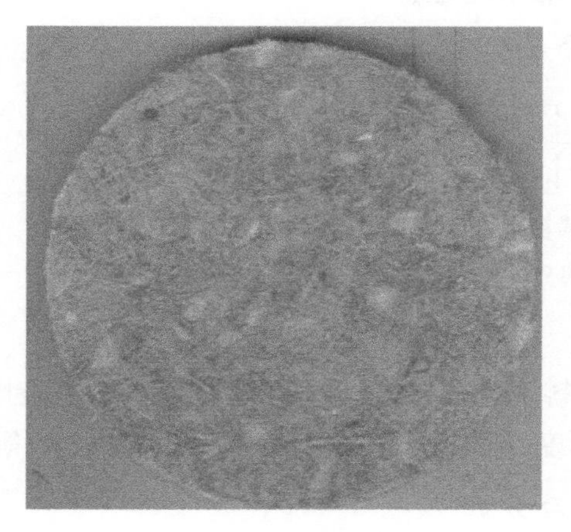

图 6-15　素板样品

Fig.6-15　The plate sample

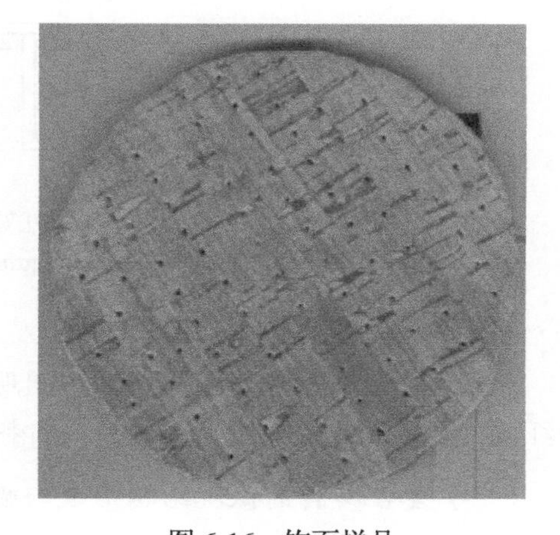

图 6-16　饰面样品

Fig.6-16　The sample covered by cork wood

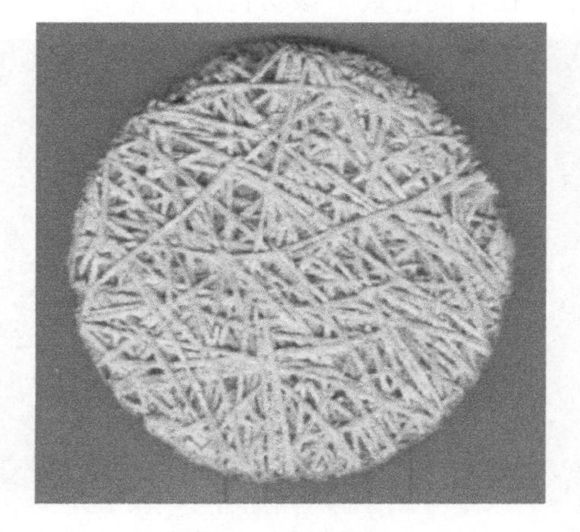

图 6-17　木丝板

Fig.6-17　Wood-wools lab

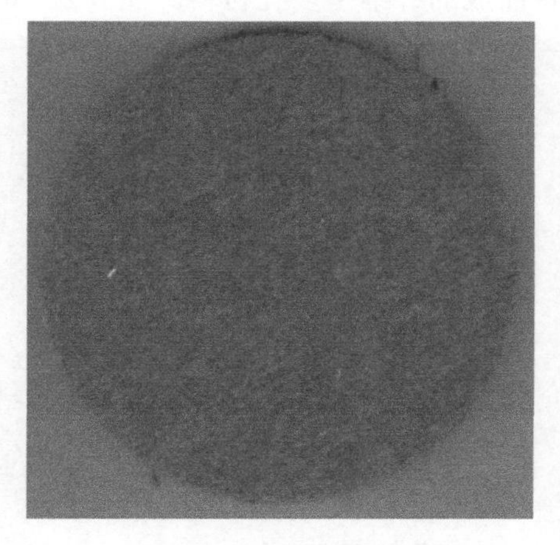

图 6-18　聚酯纤维吸声板

Fig.6-18　Sound absorption board made by polyester fiber

性能测试：根据 ASTME-1050 测试标准，采用传递函数法进行吸声性能测试，测试设备为阻抗管，本次试验测试环境为半消音室，温度为 10℃，湿度为 20%，大气压为 1007.6hPa，测量范围为 50～6400Hz，每隔 4Hz 测量一个值。

根据 GB/T25077—2010/ISO9053:1991《声学　多孔吸声材料流阻测量》测试标准，采用直流法对材料进行流阻率的测试。测试原理为，控制单向气流通过圆柱形管或矩形管中的试件，并测量试件两表面产生的压差（图 6-19）。

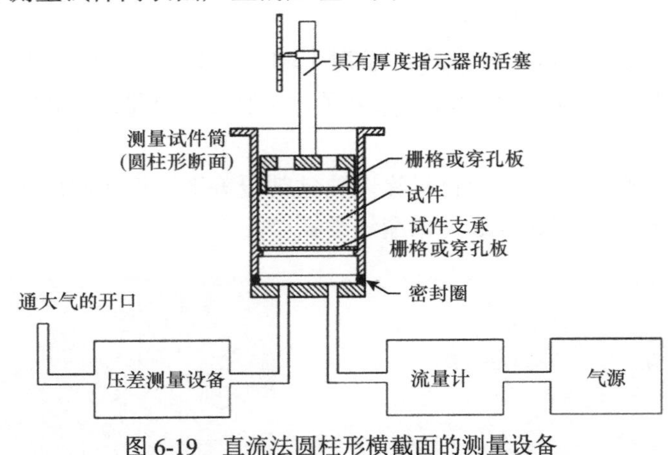

图 6-19　直流法圆柱形横截面的测量设备

Fig.6-19　Measurement equipment in cross-section by DC-method

二、复合材料的吸声性能

木纤维-聚酯纤维复合吸声材料为多孔吸声材料，影响该多孔材料的吸声特性的主要因素是纤维的结构和复合方式以及复合材料的密度、厚度、流阻率、背后空腔深度以及贴面材料等。

（一）复合材料的微观结构形成与吸声机理分析

该材料是将木纤维、聚酯纤维通过施加胶黏剂，在发泡剂的作用下，通过热压工艺制备而成的纤维型多孔材料。图 6-20 和图 6-21 为在不同倍数下该材料的微观结构。

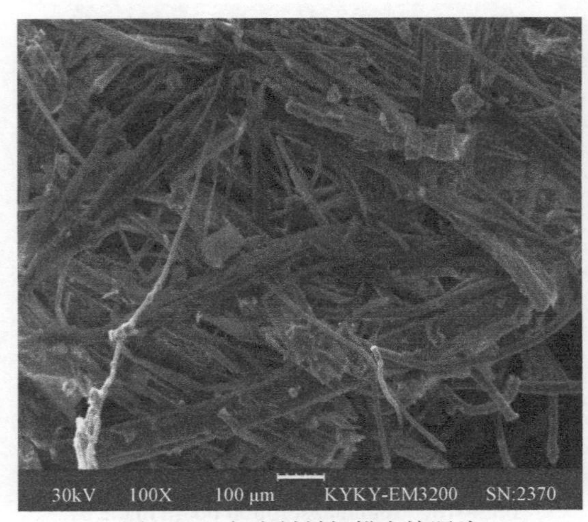

图 6-20　复合材料扫描电镜照片

Fig.6-20　SEM of composite material

图 6-21　泡孔扫描电镜照片

Fig.6-21　SEM of foaming structure of the composite

将该材料的正面在 100 倍的放大倍数下，如图 6-20 可见，材料表面可见由纤维交织而形成的不规则孔隙结构；而图 6-21 反映了该材料在发泡剂的作用下，胶黏剂固化后形成的孔隙。泡孔的形成过程如下所述。

复合材料中的泡孔的形成实际上是随着异氰酸酯和多元醇聚合反应的进行以及分子质量的不断增大，在液相中不断产生气体而形成泡孔的过程。发泡过程中气体在溶液中达到饱和溶解度后，逐渐在溶液中逸出形成气泡，该阶段为气泡的形成阶段；随着反应的进行，新的气泡不断增加，新产生的气体不断地扩散到已生产的气泡中，气泡的体积不断增加，使得气泡孔体积增大，该阶段是泡孔的增长阶段。随着纤维间液相层的变薄，并在表面张力的作用下，形成相互交织的网状开放式结构微孔，此时为泡孔的稳定阶段。通过木纤维-聚酯纤维复合材料的扫描电镜（SEM）分析表明，复合材料内部间距较大的纤维与纤维之间是通过胶黏剂形成的泡孔连接起来的，泡孔增加了纤维与纤维之间的连接点。

而由发泡剂发泡产生的孔隙结构与纤维间构成的孔隙结构，共同组成了该复合材料的多孔结构，对材料的吸声都起到了贡献作用。

当声波（图 6-22）入射到多孔材料的表面时，声波中有一部分透入材料内部，一部分在材料表面上反射。透入材料内部的声波在狭缝和小孔中向右传播，并损耗部分声能。声波传至右边的刚性壁后，就向左反射并继续向左传播。在向左传播时与向右时一样，又消耗掉一定量的声能。如果多孔材料设计得合理，则向左传到材料表面时剩下的声能就不多了。剩下的声波传到材料表面上，有部分透回到空气中，有部分又反射至材料内部。反射回的这部分与前次相同继续在狭缝和微孔中向右传播而消耗声能，如此下去，最后达到平衡。这样，材料就把一定比例的入射声能予以吸收。

木纤维-聚酯纤维复合吸声材料的吸声机理，主要源于以下 3 个方面，如图 6-23 所示：①当声波入射到纤维材料的内部，会引起纤维之间空隙内的空气振动，空气与管壁产生摩擦，形成的黏滞阻力作用使声能变成热能衰减；②声波通过介质时会导致质点的疏密程度不同，使质点之间存在温度梯度，从而通过热传导也会消耗一部分声能；③纤维本身的振动导致声能的耗散。这 3 个方面相互协同，共同作用于声波，对声能起到损耗的作用。

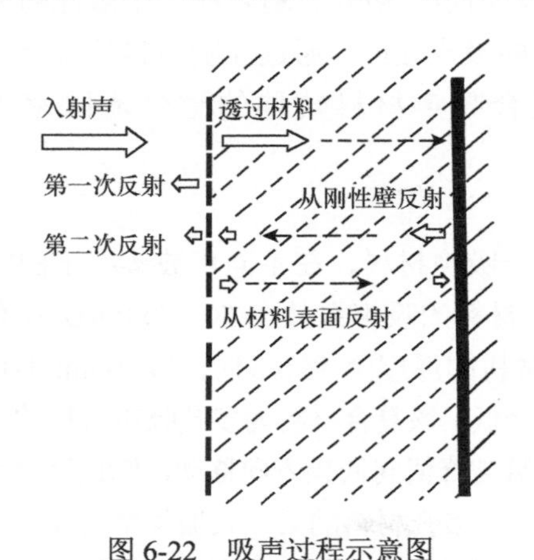

图 6-22　吸声过程示意图

Fig.6-22　Sound absorption process diagram

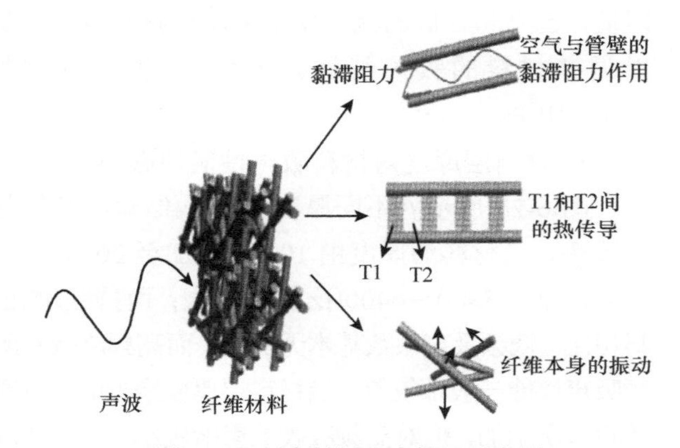

图 6-23　复合材料吸声机理示意图

Fig.6-23　Schematic diagram of sound absorption mechanism of sound absorption material

（二）复合材料吸声性能的影响因素

1. 空气流阻对材料吸声性能的影响

材料的透气性可以用“流阻”这一物理参数来定义。空气通过多孔材料时，材料两面的静压差与气流线速度之比，定义为材料的流阻，单位材料厚度的比流阻称为流阻率。本节测量了5组材料的流阻率，并绘制材料的流阻率与吸声系数之间的关系图，见图6-24。

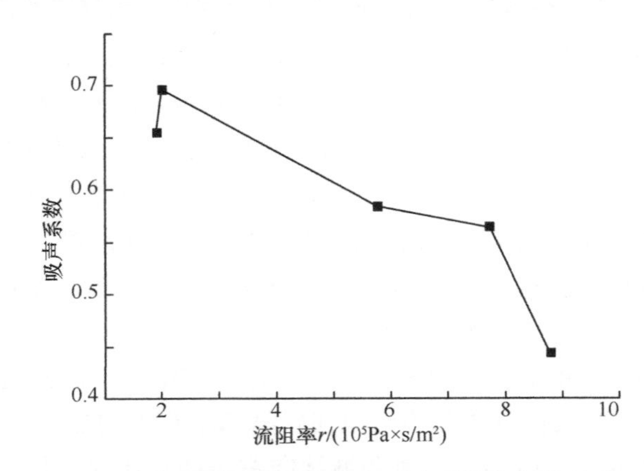

图6-24 复合材料的流阻率与吸声系数之间的关系

Fig.6-24 The relationship between the sound absorption coefficient and air flow resistance rate of the composite material

5组材料的流阻率其值大小依次为1.88、1.98、5.74、7.68、8.76，单位为10^5Pa·s/m^2；在50～6400Hz频率范围内的平均吸声系数为0.65、0.70、0.58、0.56、0.44；复合材料的流阻率与吸声系数之间的关系见图6-24。由图6-24可知，在测试范围内，随着流阻率的增大，材料的吸声系数达到最大值，再继续增大材料的流阻率，吸声系数有较大幅度的下降。

由此可见，当材料厚度一定时，比流阻越大，说明空气穿透量越小，吸声性能会下降；但若比流阻太大，声能因摩擦力、黏滞力而损耗的功率也将降低，吸声性能也会下降。当材料厚度充分大时，比流阻越小，吸声越大。所以，多孔材料存在一个最佳的流阻值，过高和过低的流阻率都无法使材料具有良好的吸声性能。通过控制材料的流阻可以调整材料的吸声特性。木纤维-聚酯纤维复合吸声材料较佳的空气流阻率为1.98×10^5Pa·s/m^2。

2. 材料层厚度对材料吸声性能的影响

图6-25所示为不同厚度的木纤维-聚酯纤维复合吸声材料，在不同声波频率下的吸声系数。当材料的厚度由10mm增加至20mm时，材料的吸声系数在50～3800Hz都有提高，而在3800～6400Hz变化不大；而持续增加材料的厚度至30mm时，与20mm的材料相比，低频吸声系数基本无变化，而高频略微有所降低。该复合材料为多孔吸声材料的低频吸声性能一般都较差，当材料层厚度增加时，吸声频谱峰值向低频方向移动，低频吸声系数将有所增加，但对高频吸收的影响较小。通常情况下，多孔材料的第一共振频率与吸声材料的厚度满足如下关系，即$f_r d$=常数，式中，f_r为多孔材料的第一共振频率；d为材料的厚度。厚度增加，低频吸声系数增大，峰值吸声系数向低频移动；对于不同厚度的材料，如果

以频率和厚度的乘积为参数，即波长与厚度相对值不变，则其吸声频谱特性是很接近的。继续增加材料的厚度，吸声系数增加值逐步减小。

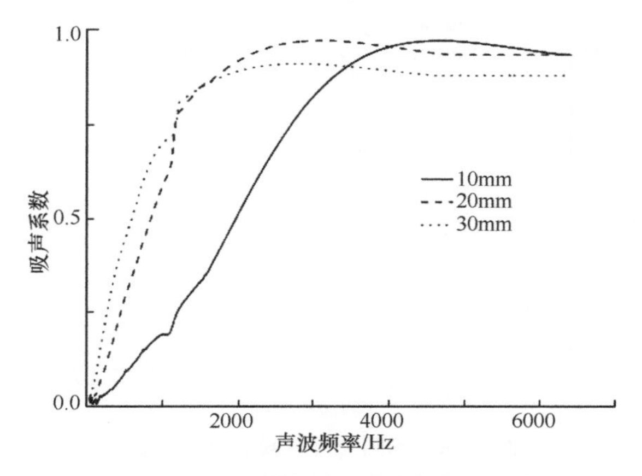

图 6-25　不同厚度材料吸声系数的比较

Fig.6-25　The sound absorption coefficient of the composites under different thickness

在一定厚度范围内，孔径和孔隙率相同的情况下，随着材料厚度的增大，进入孔隙的声波经过孔隙通道也就越长，声波与材料的相互作用时间增长，受到曲折通道的阻挡次数增多，摩擦损失增大，声波在孔隙发生的能量损失也越多。声学性能尤其是低频吸声性能将随之提高。赵松龄和卢元伟（1979）提出当吸声材料层背面是刚性体时，材料吸声曲线所对应的第一共振频率 f_r 与厚度 d 的乘积略等于材料中声速的 1/4，即对于同一种吸声材料来说，材料层厚度加倍时，第一共振频率会向低频方向移一个倍频程。阎志鹏和靳向煜（2006）等通过对不同厚度、相同规格的聚酯纤维进行测试，发现随着厚度的增加，材料的吸声性能逐渐提高，其认为厚度增加，材料的比流阻下降，导致声学性能提高。多孔吸声材料中，高频声波主要在材料的表面被吸收，低频声波的吸收在材料内部，随着厚度的增大，低频时吸声系数随厚度的增加而增加，而高频吸声系数有所下降。

（三）材料密度对材料吸声性能的影响

在实际工程中，测定材料的流阻及空隙率通常比较困难，可以通过材料的密度粗略估算其比流阻。该复合材料的密度与木纤维/聚酯纤维、施胶量、发泡剂加量有密切关系，同一种纤维复合材料，密度越大，空隙率越小，比流阻越大。

如图 6-26 所示，在 3000～6400Hz，吸声系数的大小依次为密度为 $0.2g/cm^3$＞$0.3g/cm^3$＞$0.4g/cm^3$；而在 50～3000Hz 范围内，密度为 $0.3g/cm^3$ 的复合材料吸声系数要明显高于密度为 $0.2g/cm^3$ 的材料，但当密度持续增大至 $0.4g/cm^3$，频率大于 1500Hz 时材料的吸声系数大幅度降低，而频率小于 1500Hz 时，吸声系数变化不大。因此，当复合材料的厚度一定而在一定范围内增加密度时，可以提高中低频吸声系数，但高频吸声系数有所下降，当密度增大至一定值时，材料的中高频吸声系数大幅度下降，而低频吸声系数基本无明显变化。在相同材料情况下，当厚度不限制时，多孔材料以松散为宜；另外，在厚度一定的情况下，密度增加，材料就密实，流阻增大，空气透过量减少，造成吸声系数下降。所以，材料密度也有一个最佳值。

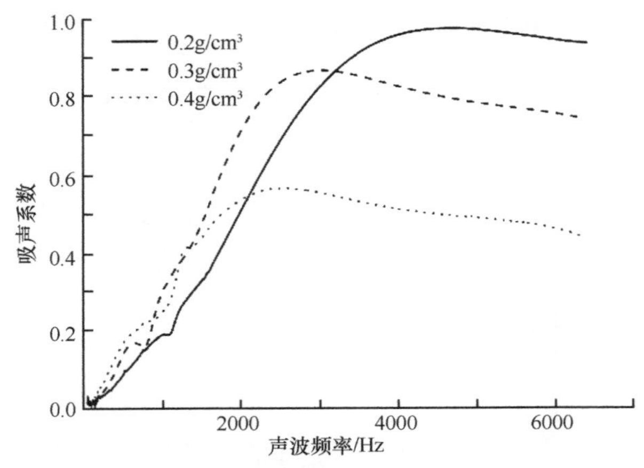

图 6-26 不同密度材料的吸声系数

Fig.6-26 The sound absorption coefficient of the composites under different density

（四）材料板后空腔深度对材料吸声性能的影响

如图 6-27 所示，当材料板后留有 10mm 空腔时，与板后不留空腔比，该材料在 3000～6000Hz 吸声系数有所降低，而在 50～3000Hz 吸声系数有较大幅度提高；当材料背后空腔增加至 20mm 时，与背后留有 10mm 空腔相比，材料在 1500～5800Hz 吸声系数都有所降低，而在 50～1500Hz，吸声系数变化不大，由此可见，通过在该复合吸声材料后设置一定深度的空腔，可以明显提高材料中低频的吸声性能，但增加到一定值时就不明显了，同时，材料的高频吸声系数明显减小。按照声学原理，当材料背后的空气层厚度为入射声波 1/4 波长的奇数倍时，吸声系数最大；当厚度为 1/2 波长的整数倍时，吸声系数最小。在施工过程中，往往利用这个特性来节省材料。

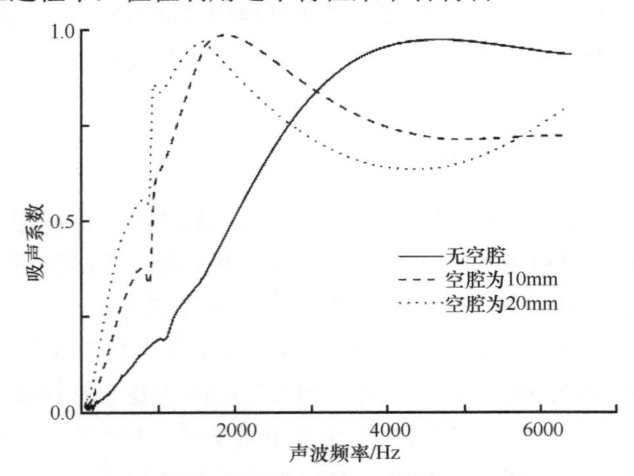

图 6-27 不同空腔条件下材料的吸声系数

Fig.6-27 The sound absorption coefficient of the composites under different thickness of the cavity

（五）针刺处理对材料吸声性能的影响

针刺工艺常见于制备无纺布，对材料起到加固和提高透气性的作用，而本小节利用针刺工艺对复合材料进行处理，以提高材料的声学性能。

由图 6-28 可见，针刺工艺处理对木纤维-聚酯纤维复合吸声材料的吸声性能有一定程度的影响。当密度为 0.4g/cm^3 时，针刺处理后材料的吸声系数与未经过针刺工艺处理的材料相比，在整个频率段都有较大的提高；当该材料的密度为 0.3g/cm^3 时，针刺处理后材料的吸声系数在中高频段稍微有提高，在低频段基本无影响；而当材料的密度为 0.2g/cm^3 时，针刺工艺处理后的材料，在 2500～6400Hz 有一定程度的下降，而 50～2500Hz 基本无变化。

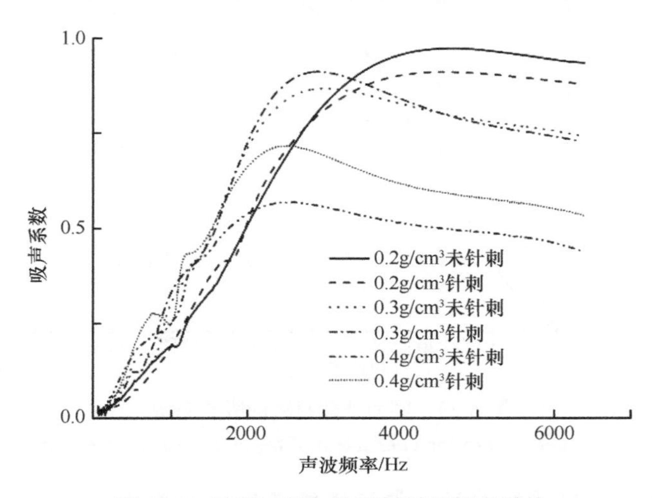

图 6-28　针刺处理条件下材料的吸声系数

Fig.6-28　The sound absorption coefficient of the composites under the acupuncture treatment

由此可见，该材料的密度在 0.2～0.4g/cm^3，材料的密度越大，针刺处理对材料吸声性能的提高越明显；当材料的密度减小到一定值时，针刺处理对材料的吸声性能几乎无影响；若继续减小材料的密度，针刺处理反而在一定程度减小材料的吸声性能。原因为，当材料密度较大时，材料表面纤维间的结构较致密，纤维内部的孔隙未与外界相连通，较多声波在纤维表面发生反射，通过针刺工艺处理，可以使纤维表面与材料内部的孔隙相连通，因而提高材料的吸声性能；而当材料的密度较小时，纤维表面因相互交织及发泡剂作用产生的孔隙较多，且与材料内部相连通，此时已经达到较好的吸声性能，但经过针刺处理，使得本来疏松的轻质材料孔径变大，声波能够顺畅地通过材料，与纤维本身以及孔隙间的有效摩擦阻尼减小，声能的损耗降低，因而其吸声性能在一定程度上有所下降。因此，针刺处理工艺对材料吸声性能的影响与材料本身的密度有关。

（六）贴面材料处理对材料吸声性能的影响

对于该纤维复合材料的素板，从装饰角度考虑，往往需要在材料表面覆盖一层护面材料。本试验使用薄层软木皮贴覆在无纺布上，作为护面层，该护面材料表面具有一定的透气孔，在一定程度上可降低其声阻。

由图 6-29 可见，贴面后的复合材料在 1300～6000Hz，吸声性能都较大幅度地降低，而在 50～1300Hz 范围内，吸声性能有所提高，即贴面材料在一定程度上提高了低频的吸声性能，而降低了中高频的吸声系数。从声学角度考虑，由于护面层本身也具有声学作用，因此对材料的吸声性能有一定的影响。一般来说，护面层具有一定的声质量和声阻，而不会有声顺。声质量的作用会使共振频率降低，即会提高低频的吸声效果。声质量所产生的惯抗与频率成正比，因此它在低频时的影响可以忽略，而在高频会产生明显影响，使声抗提高，从而使吸声系数降低。

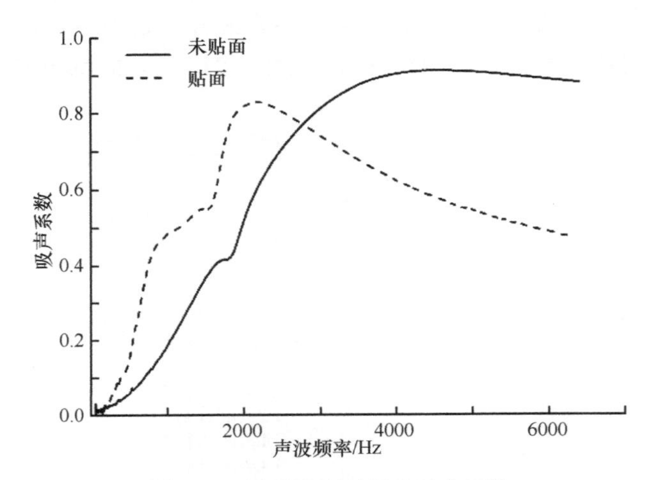

图 6-29 贴面处理材料的吸声系数

Fig.6-29 The sound absorption coefficient of the composites covered by cork wood

（七）复合材料与轻质纤维板、聚酯纤维吸声板吸声性能对比分析

利用基于传递函数法的阻抗管，对木纤维-聚酯纤维复合吸声材料、聚酯纤维吸声板以及轻质纤维板的吸声性能进行比较分析，测量结果见图 6-30。

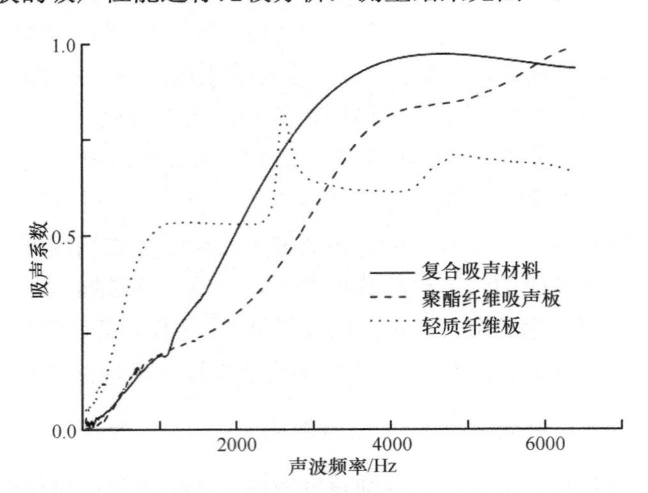

图 6-30 复合材料与聚酯纤维板和轻质纤维板吸声系数比较

Fig.6-30 Comparison of sound absorption coefficient of composite material with polyester fiber board and wood fiber board in low density

木纤维-聚酯纤维复合吸声板厚度为 10mm，密度为 $0.2g/cm^3$；轻质纤维板的厚度为 13mm，密度为 $0.3g/cm^3$；聚酯纤维吸声板的厚度为 10mm。由图 6-30 吸声曲线比较分析可知，轻质纤维板在 50～1800Hz 的吸声系数优于木纤维-聚酯纤维吸声板和聚酯纤维

吸声板，且在 2600Hz 附近有一个吸声峰值，表明该材料对于该频率及附近频率的声波具有较好的吸声性能，而声波频率在 2700～6400Hz，其吸声系数都远远地高于轻质纤维板；聚酯纤维吸声板与木纤维-聚酯纤维复合吸声板同为纤维多孔吸声材料，基于相同的吸声机理制备，在一定程度上这两种材料的吸声趋势具有相似性，由图 6-30 可见，整个频段，两种材料的吸声曲线趋势一致，在 800～6000Hz，木纤维-聚酯纤维复合吸声板的吸声性能要高于聚酯纤维吸声板，而在声波频率大于 6000Hz 后，聚酯纤维吸声板的吸声系数大于木纤维-聚酯纤维复合吸声板，且有继续增大的趋势。

该结果在一定程度上表明，利用木纤维-聚酯纤维制备的吸声板，具有较优的吸声性能。从纤维本身的角度分析，原因可能为，从纤维的微观结构角度考虑，木纤维和聚酯纤维为不同种类的纤维，这两种纤维在微观结构以及组成成分上差异很大，木纤维表面有微孔结构，以及凹凸不平的结构，该结构增大了材料的表面积，在一定程度上增大了声波与材料表面的接触面积，而聚酯纤维表面光滑，因此从这个角度来说，木纤维的吸声性能优于聚酯纤维；从纤维的化学构成考虑，木纤维主要是由纤维素、半纤维素和木质素构成的刚性纤维，而聚酯纤维一般由二元醇和芳香二羧酸缩聚而成，具有高弹性，相对木纤维来说为柔性纤维，因此，从这个角度来说，聚酯纤维在声波的作用下更易发生形变而损耗声能，故聚酯纤维具有较好的吸声性能；从纤维的导热性能角度考虑，木纤维与聚酯纤维组成元素不同，结构亦不同，在导热性能方面也存在差异，因此，其在温度微变的环境中的导热性能也存在区别，因此两种纤维由于导热效应产生的声波损耗能力也不同。

总之，两种纤维是通过黏滞效应、热传导以及纤维本身的振动 3 个方面对声波损耗，但是 3 个方面两种纤维的贡献程度不同，由于目前设备的原因，尚无法对两种纤维在这 3 个方面对声波能量的损耗有一个量化的说明。

（八）复合材料与木丝板、穿孔板吸声性能的比较分析

基于传递函数法，对木纤维-聚酯纤维复合吸声板的吸声系数进行了测量；利用混响室法对木质穿孔吸声板的吸声性能进行了测量，结果如图 6-31 所示。

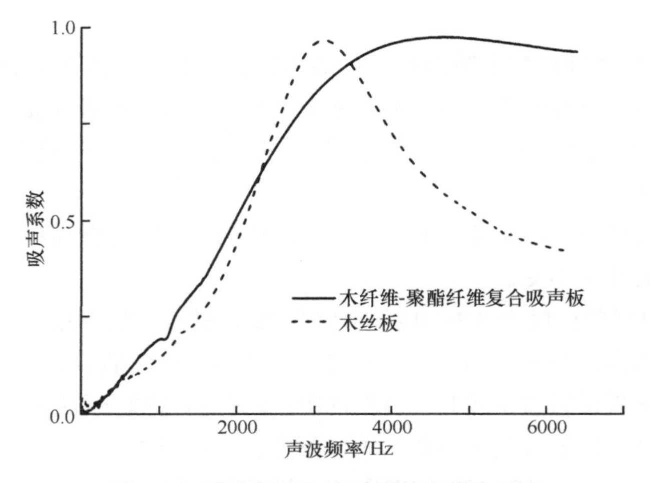

图 6-31　复合材料与木丝板吸声系数比较

Fig.6-31　Comparison of sound absorption coefficient of composite material with wood-wools lab

木质穿孔吸声板穿孔的大小和形状对吸声性能有很大的影响，而通过阻抗管测量材料的吸声系数，在高频下试样的直径为29mm，在此条件下制备的样品，单位面积上孔的分布变异很大，因而吸声系数测量结果变异也较大，而通过混响室法测得的结果较精确，故采用混响室法测量其吸声系数，测量范围为125～4000Hz。

由图6-32分析可知，木丝板在2500～4000Hz，具有较好的吸声性能，吸声系数均在0.5以上，且声波频率在3132Hz时，吸声系数达到0.96；木质穿孔吸声板在声波频率为400～1000Hz，吸声系数均大于0.4，声波频率在500Hz时，吸声系数达到0.57；由此可见，木质穿孔吸声板在低频区具有较好的吸声系数，最高吸声系数高达0.57；木丝板在中频区具有较好的吸声系数，其吸声系数最大值为0.97；木纤维-聚酯纤维复合吸声板在高频区有明显的吸声优势，其吸声系数最大值接近0.98。

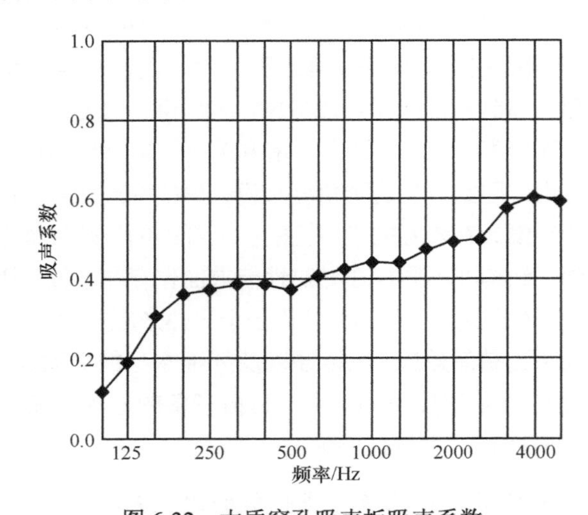

图6-32 木质穿孔吸声板吸声系数

Fig.6-32 Sound absorption coefficient of wood perforated plat

三、结论

（1）木纤维-聚酯纤维复合吸声材料的吸声性能与其空气流阻率有关，在一定范围内，材料的吸声系数随着流阻率的减小而增大；当材料的流阻率继续减小并超过最佳流阻率时，材料的吸声系数呈减小趋势；该复合材料的最佳空气流阻率为1.98×10^5Pa·s/m^2。

（2）当复合材料的其他参数不变时，增大材料的厚度，复合材料的低频吸声系数增加，高频吸声系数几乎不变。

（3）当复合材料的密度为0.2～0.4g/cm^{3}时，复合材料的吸声系数随着密度的增大而减小，即在此范围内，当密度为0.2g/cm^{3}时，材料的吸声性能最好。

（4）复合材料板后留有空腔时，材料的吸声峰值向低频方向移动，在一定范围内，随着空腔深度的增加，低频吸声系数的增加程度就不明显了。

（5）针刺工艺对材料的吸声性能有影响，材料密度较大时，经过针刺处理可明显提高其吸声性能；材料密度过小时，针刺处理反而会在一定程度上降低其吸声性能。

（6）贴覆软木表面装饰材料可提高复合材料低频的吸声性能，但对高频的吸声系数有明显的降低。

主要参考文献

常乐，吴智慧. 2011. 室内木制品用空心刨花板吸声性能的研究[J].南京林业大学学报（自然科学版），35（2）：56-60.

管新海，谢洪德，张敏峰，等. 2000. 多功能聚酯纤维结构和粘弹特性的研究[J]. 合成技术及应用，15（4）：10-12.

闫志鹏，靳向煜. 2006. 聚酯纤维针刺非织造材料的吸声性能研究[J]. 产业用纺织品，24（12）：13-16.

赵松龄，卢元伟. 1979. 声波在纤维性吸声材料中的传播[J]. 声学学报，（1）：3-13.

郑长聚. 1988. 环境噪声控制工程[M]. 北京：高等教育出版社：156-157.

钟祥璋. 2005. 聚酯纤维装饰板吸声性能的实验研究[J].声频工程，（10）：10-14.

钟祥璋，刘伯伦. 1990. 离心法超细玻璃棉管套吸声性能的研究[J]. 应用声学，11（2）：24-28.

周晓燕，华毓坤，朴雪松，等. 2000. 定向结构板复合墙体吸声性能的研究[J].南京林业大学学报，24（1）：23-26.

Chia L H L，Teoh S H，Tharmaratnam K，et al. 1998. Sound absorption of tropical woods and their radiation-induced composites[J].Radiation Physics and Chemistry，32（5）：677-682.

Jiang Z H，Zhao R J，Fei B H. 2004. Sound absorption property of wood for five eucalypt species[J].Journal of Forestry Research，15（3）：207-210.

Wassilieff C. 1996. Sound absorption of wood-based materials[J].Applied Acoustics，8（4）：339-356.

Yang H S，Kim D J，Kim H J. 2003. Rice straw-wood particle composite for sound absorbing wooden construction materials[J]. Bioresource Technology，86（2）：117-121.

第七章　针刺法制备木纤维-聚酯纤维复合吸声材料的研究

第一节　木纤维-聚酯纤维复合吸声材料的制备及吸声性能测试

聚酯纤维是由对苯二甲酸或对苯二甲酸二甲酯及乙二醇经过缩聚、纺丝而成的一种合成纤维，纤维长度和直径相对均匀，是目前最常用的吸声材料，聚酯纤维经过梳理机梳理，再经针刺、热熔黏合而成的吸声材料，密度约为 0.15g/cm^3，孔隙率约为 88%，平均吸声系数为 0.7，最大吸声系数接近 1。但聚酯纤维属于化工材料，以石油工业为基础，原料苯、二元酸等通过石油裂解得到，原料来源污染和加工能耗较高。天然纤维属于绿色材料，污染低、易降解，加工能耗低，并且天然纤维（如麻纤维、椰子壳纤维、木棉纤维、废旧茶纤维和羊绒纤维、木纤维等）具有一定的吸声性能。将天然纤维与聚酯纤维复合构成复合纤维吸声材料，在满足一定的吸声性能要求之下，一方面可以降低聚酯纤维的使用量，降低材料的成本和污染；另一方面可以拓展木质材料的适用范围，减少木材加工剩余物和其他绿色植物污染，提高其使用效率。

本节通过针刺将杨木纤维和聚酯纤维复合，研究不同工艺条件下木纤维-聚酯纤维复合吸声材料吸声性能，分析复合纤维材料的密度和木纤维混合比例对复合纤维材料吸声性能的影响。

一、材料与方法

（一）试验材料

（1）聚酯纤维原料购于上海倍优建材有限公司，聚酯纤维直径为（34.769±3.095）μm，纤维密度为 1.68g/cm^3。

（2）特制杨木木纤维（*Populus* L.）选用中国林业科学研究院木材工业研究所工程中心的特制杨木纤维，产地河北，纤维使用前经过纤维分选机筛选，筛选出大小不同的 2 类杨木纤维，分别标记为类型 Ⅰ 和 Ⅱ，并将纤维干燥至绝干。

（二）试验设备

（1）纤维筛分机（JEL200）：美国 JIL 公司生产，中国林业科学研究院木材工业研究所木材加工中心，用于杨木纤维形态分选；

（2）纤维开松机（QLK）：青岛金山纺织针布有限公司生产，中国林业科学研究院木材工业研究所中试基地，用于聚酯纤维开松；

（3）梳理机辅机（BG213）：青岛东佳纺机（集团）有限公司生产，中国林业科学研究院木材工业研究所中试基地，用于聚酯纤维梳理；

（4）针刺机（YSA120）：江苏常熟伟成无纺设备有限公司生产，中国林业科学研究院木材工业研究所中试基地，用于木纤维和聚酯纤维针刺复合；

（5）阻抗管（SW422和SW477）：北京声望声电技术有限公司生产，中国林业科学研究院木材工业研究所，用于木纤维-聚酯纤维复合材料法向吸声系数和表面阻抗测试。

（三）实验方法及性能测试

分选：特制杨木纤维形态差异较大，并且纤维中存在尘土等杂质。为了理论模型的准确性以及准确分析木纤维形态对木纤维-聚酯纤维复合吸声材料吸声性能的影响，将特制杨木纤维预先经过纤维筛分机分选，去除纤维中的杂质并分选出2类形态较为均匀的杨木纤维（细木纤维、粗木纤维），分别标记为Ⅰ、Ⅱ类型，类型Ⅰ的木纤维与类型Ⅱ的木纤维相比，纤维直径较小，长度较短，类型Ⅱ木纤维多由几根未彻底分离的木纤维组成。

如图7-1所示，筛网网眼大小从上向下依次为10mm、4mm、2mm，出料口从上向下依次是混合纤维、粗纤维、细纤维以及特细纤维和杂质。筛网按照顺时针振动，杨木纤维从进料口进入时，在离心力和挡板的作用下木纤维沿着筛网边缘顺时针滚动。在振动的作用下较短的杨木纤维通过第一层筛网落到第二层筛网，第一层筛网出料口为杂质和未分离的纤维团和特大纤维；同理在第二层筛网大小和离心力的作用下，类型II的木纤维被分离出来，第三层筛网分离出直径和长度较为均匀的类型I木纤维。

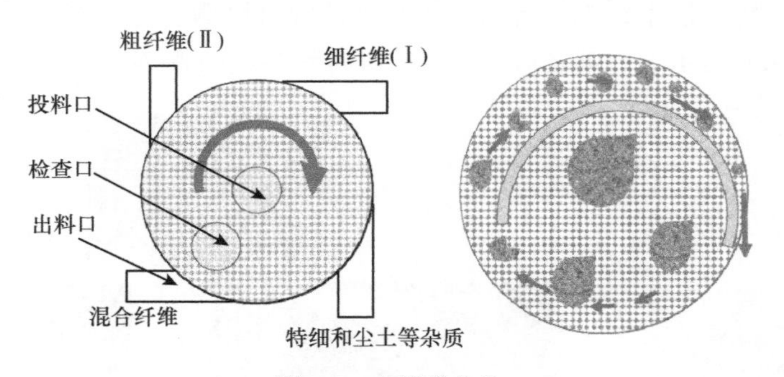

图7-1　木纤维分选
Fig.7-1　Wood fiber screening

聚酯纤维开松和梳理：由于特殊的生产工艺，聚酯纤维原料结团比较多，并且纤维内部存在许多杂质。为了使聚酯纤维和木纤维混合更加均匀，需要对聚酯纤维原料进行开松和梳理处理。如图7-2所示，聚酯纤维原料从纤维开松机的喂料口送入，经过高速回转的打击件对聚酯纤维原料进行打击，同时刺入聚酯纤维层进行分割和分梳，破坏聚酯纤维之间和聚酯纤维与杂质间的联结力，达到松解聚酯纤维团和清除杂质的目的。再经过风机进一步气流分散，聚酯纤维进入纤维料仓，后续进行梳理。

梳理机由表面包有针布的不同直径的辊筒组成，表面以不同速度旋转，各滚筒之间形成梳理、转移和凝聚，使聚酯纤维最终得到梳理平行顺直，同时去除部分短绒和杂质，经斩刀剥取后形成一定规格的毛网（图7-3）。利用直径不同并包覆针布的辊筒间的相互作用，连续、逐步地将预开松的聚酯纤维原料继续充分地松解，梳理成单根纤维。原料在梳理机的松解、转移和梳理过程中比较均匀地分布在辊筒表面。聚酯纤维通过梳理机的反复松解、梳理，形成由无数单根纤维组成的毛网。在经过梳理机梳理后，聚酯纤维毛网的面密度为 32g/m²，将聚酯纤维毛网打卷，后续与杨木纤维铺装混合。

图 7-2　聚酯纤维开松

Fig.7-2　Polyester fiber opening and scutching

图 7-3　聚酯纤维梳理

Fig.7-3　Polyester fiber teasing

聚酯纤维和木纤维复合组坯：将上述分离的木纤维和预梳理的聚酯纤维毛网组坯，试验设计参数如表 7-1 所示。组坯方式按照如图 7-4 所示，将聚酯纤维梳理毛网裁剪成 450mm×450mm 幅面大小[图 7-4（a）]，将木纤维经过筛网均匀铺在聚酯纤维毛网上[图 7-4（b），（c）]，因为聚酯纤维毛网很薄，面密度只有 32g/m²，木纤维与聚酯纤维毛网的交替多层铺装，再经过针刺机针刺之后，木纤维和聚酯纤维混合均匀。铺装层数由板坯的密度决定，每一层木纤维的含量由木纤维的混合比例决定，聚酯纤维-木纤维复合板坯如图 7-4（d）所示，针刺之后的复合纤维材料参数如表 7-2 所示。

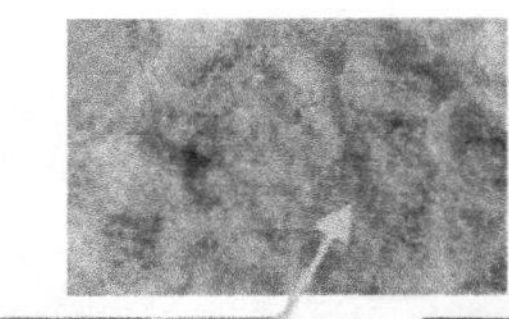

(c) 木纤维-聚酯纤维均匀混合物

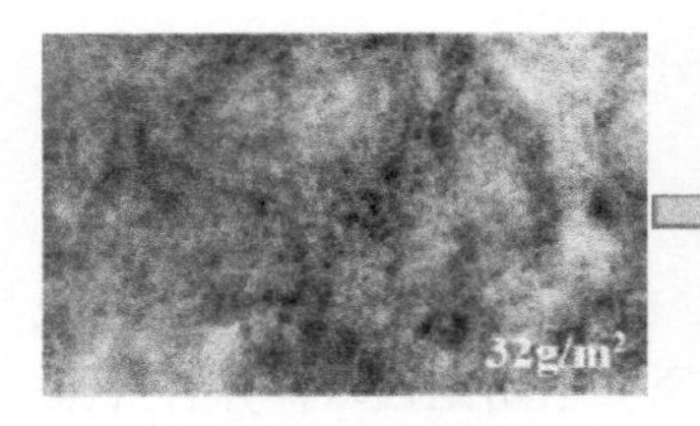

(a) 聚酯纤维毛网

(b) 聚酯纤维-木纤维复合

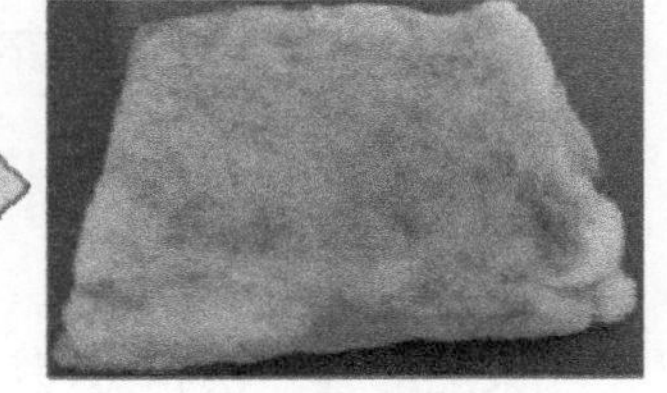

(d) 组坯

图 7-4　聚酯纤维与木纤维混合组坯

Fig.7-4　Polyester and wood fiber mixing and assembly

表 7-1　试验设计

Table 7-1　Experimental design

序号	木纤维类型	密度/（g/cm³）	毡子规格/mm	木纤维混合比例/%	针刺次数
1		0.10		30	2
2		0.10		45	2
3	I	0.10	450×450×10	60	2
4		0.15		30	3
5		0.15		45	3

续表

序号	木纤维类型	密度/（g/cm^3）	毡子规格/mm	木纤维混合比例/%	针刺次数
6	I	0.15	450×450×10	60	3
7		0.05		30	4
8		0.05		45	4
9		0.05		60	4
10	II	0.10	450×450×10	30	3
11		0.10		45	3
12		0.10		60	3
13	无	0.10	450×450×10	0	2

如图 7-5 所示木纤维-聚酯纤维复合纤维板坯针刺：针刺分为预刺和主刺两部分，针刺机利用带有刺针垂直于板坯表面往复运动，刺针往复移动带动板坯表面及次表面的聚酯纤维，使聚酯纤维产生上下移动，而产生上下移位的聚酯纤维对板坯就产生一定挤压，使板坯中纤维靠拢而被压缩，板坯变得密实。理论设计密度为 $0.05g/cm^3$、$0.10g/cm^3$、$0.15g/cm^3$，针刺板针的密度为 1.5 个/cm^2，针刺频率为 30 次/min，针刺次数如表 7-1 所示，最后复合纤维材料的实际参数如表 7-2 所示。

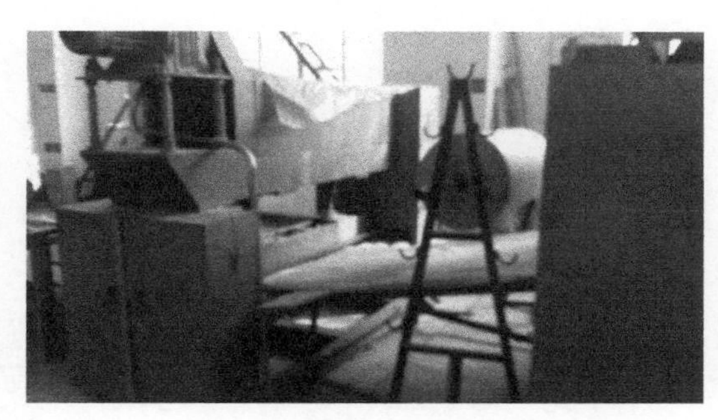

图 7-5　木纤维-聚酯纤维复合纤维板坯针刺
Fig.7-5　Wood-polyester fiber composite plate billet needling

表 7-2　木纤维-聚酯纤维复合吸声材料的实测密度和厚度
Table 7-2　The actual thickness and density of wood-polyester fiber composite

编号	实测密度/（g/cm^3）	实测厚度/mm
F-1	0.09	12.00
F-2	0.10	12.03
F-3	0.09	11.62
F-4	0.13	12.09
F-5	0.13	11.70
F-6	0.12	11.68
F-7	0.08	5.35
F-8	0.08	5.83
F-9	0.08	6.40
F-10	0.10	11.00
F-11	0.09	12.03
F-12	0.09	11.62
F-13	0.09	11.93

吸声性能测量测试：测试如图 7-6 所示，测试按照《声学阻抗管中吸声系数和声阻抗的测量》第 2 部分：传递函数法（GB/T18696.2—2002）。1/3 倍频程的法向系数测量采用北京声望声电技术有限公司的四通道阻抗管系统（SW422、SW477）。大管（SW422）测量 63～1600Hz 频率范围内的吸声系数，试件直径为 100mm，小管（SW477）测量 1500～6300Hz 频率范围内的吸声系数，试件直径为 30mm 和厚度为 10mm。每组试验 3 个试件，每个试件测量 3 次，吸声系数取 9 次测量结果的平均值。

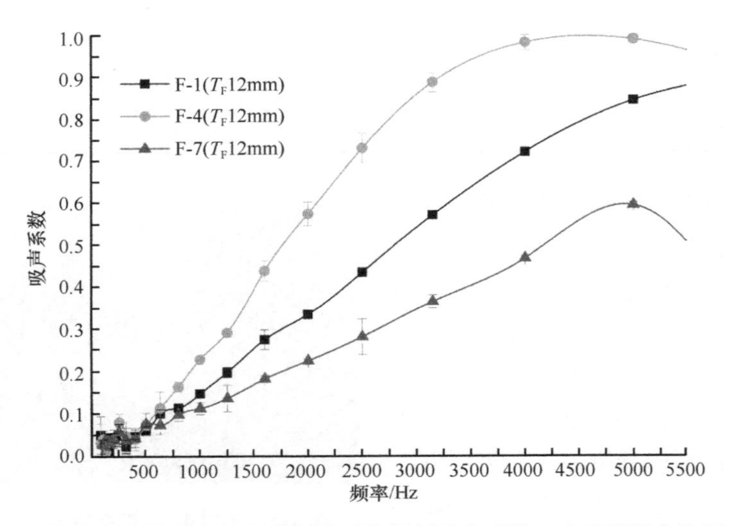

图 7-6 不同密度木纤维-聚酯纤维复合吸声材料吸声系数（木纤维混合比例 30%）

Fig.7-6 The sound absorption coefficients of different densities wood-polyester fiber composite (wood fiber blending ratio of 30%)

T_F 表示材料厚度，下同

（四）数据分析方法

以木纤维-聚酯纤维复合吸声材料的密度和木纤维混合比例为自变量，平均吸声系数和最大吸声为因变量，考虑密度和木纤维比例之间的交互作用（F-1～F-9 的全因子试验），采用 SAS 分析材料的密度和木纤维混合比例对材料吸声性能的影响，方差分析的置信区间为 95%，自由度为 9。

二、不同密度的木纤维-聚酯纤维复合吸声材料的吸声性能分析

图 7-6 和图 7-7 分别表示木纤维添加比例为 30%和 60%的不同密度木纤维-聚酯纤维复合吸声材料吸声性能大小。木纤维混合比例为 30%的复合纤维吸声材料 F-7、F-1、F-4 体积密度分别为 0.08g/cm^3、0.09g/cm^3、0.13g/cm^3。木纤维混合比例为 60%的复合纤维吸声材料 F-9、F-3、F-6 体积密度分别为 0.08g/cm^3、0.09g/cm^3、0.12g/cm^3。随密度增加平均吸声系数从 0.111 增加到 0.292，而最大吸声系数从 0.404 增加到 0.981，木纤维-聚酯纤维复合吸声材料吸声特性满足一般纤维吸声材料的吸声特性，其在低频吸声系数很低，随着频率的增加吸声系数先变大后减小。纤维多孔性吸声材料高频的吸声性能优于低频，其重要原因有两个：首先，随着声波频率的增加，声波波长减小，根据声波通过

小孔发生衍射原理以及复合纤维材料中孔隙大小，低频的声波波长远大于复合材料中的特征孔隙大小，所以低频声波不能通过材料而直接被反射，但高频声波波长较小，可以通过材料内部的特征孔隙继续传播。多孔吸声材料吸声主要原理是声波进入多孔性材料内部，激发孔内空气和纤维本身振动，将声波能转化为热能或者机械能，降低声波能量。其次，多孔性纤维吸声根据频率的高低可以划分为两个过程，即等温过程和绝热过程，材料的低频吸声主要是等温过程，因为声波在低频时声波作用周期较长，声波引起孔隙内部黏滞性空气振动，使得一部分声波能量转化为热能，系统有足够的时间与外界环境进行能量交换，所以在低频段声波和复合纤维材料之间的作用过程是等温进行的。而高频吸声主要是绝热过程，因为声波引起的空气振动和纤维之间能量作用过程进行较快，外界来不及和系统进行交换，所以在高频段声波和复合纤维材料之间的作用是绝热过程。声波在纤维多孔性材料中引起的能量变化很小，主要是声波传播被纤维干扰发生散射和引起纤维自身的振动。所以木纤维-聚酯纤维复合吸声材料高频的吸声性能优于低频。随着频率的不断增加，木纤维-聚酯纤维复合吸声材料的吸声系数下降，主要是因为测量时材料紧贴刚性壁，声波通过材料被反射回来，反射声波与入射声波叠加增强。

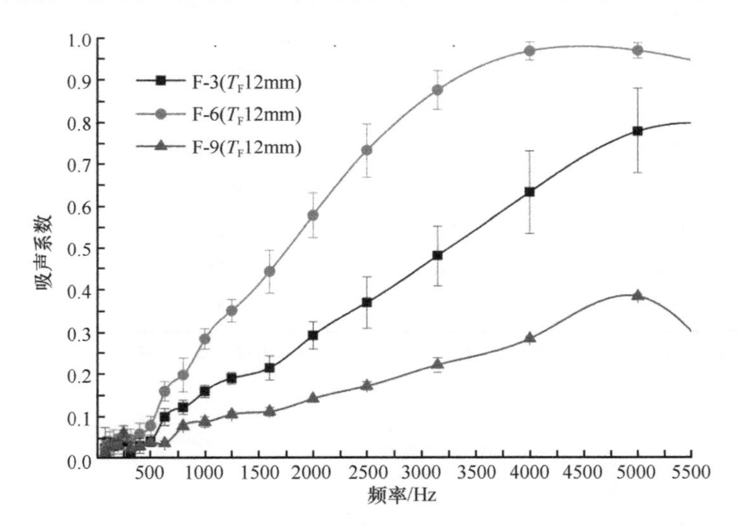

图 7-7 不同密度木纤维-聚酯纤维复合吸声材料的吸声系数（木纤维混合比例 60%）

Fig.7-7 The sound absorption coefficients of different densities wood-polyester fiber composite (wood fiber blending ratio of 60%)

T_F表示材料厚度

在试验密度范围内随着复合纤维材料密度的增加，其吸声系数明显增加，特别是大于 500Hz 的频率段，吸声系数增加的趋势更加明显。平均吸声系数和最大吸声系数随密度的增加而增加（表 7-3 和图 7-8）。主要原因是材料密度越小，则材料的流阻较低，声波更加容易进入和穿透材料内部，声波与纤维材料的作用较少，当材料的密度增加时，对应地材料的流阻增加，声波穿过材料的阻力增加，声波与纤维材料的作用较多，所以声波穿过材料时，声波能量损失也会增加。纤维多孔性材料的体积密度也在一定程度上反映了单位体积材料中纤维根数的多少，密度越大表示单位体积内纤维数量越多。虽然密度较小时材料的孔隙率大，但是纤维之间形成的孔隙很大，并且孔隙之间的连通性简单，声波进入材料内部很容易穿过材料，传播路径较小。其次密度较小时，单位体积内纤维的根数较少，纤维表面与声波的作用减小，声波与纤维壁层之间的摩擦总量较少，纤维振动较小。而密度较大时，单位体积内纤维的数量增加，孔隙率降低，但是纤维之间形成的孔隙变小，孔隙结构更加复杂，内表面积增加，声波进入材料中传播途径增加，声波和纤维材料之间作用增加，其次，纤维根数增加，声波引起纤维的振动增加。所以随密度增加，吸声性能提高。

表 7-3 不同工艺条件的木纤维-聚酯纤维复合吸声材料的平均吸声系数和最大吸声系数

Table 7-3 The average and maximum sound absorption coefficient of wood-polyester fiber composite

编号	密度/（g/cm^3）	混合比例/%	平均吸声系数	最大吸声系数
F-1	0.09	30	0.226	0.867
F-2	0.10	45	0.210	0.843
F-3	0.09	60	0.200	0.779
F-4	0.13	30	0.292	0.981
F-5	0.13	45	0.333	0.990
F-6	0.12	60	0.316	0.969
F-7	0.08	30	0.162	0.593
F-8	0.08	45	0.140	0.536
F-9	0.08	60	0.111	0.404
F-10	0.10	30	0.194	0.712
F-11	0.09	45	0.256	0.852
F-12	0.09	60	0.213	0.844
F-13	0.09	0	0.218	0.740

注：F-7、F-8、F-9 测量时两个样品叠加在一起，目的是为了和其他组保持厚度相同

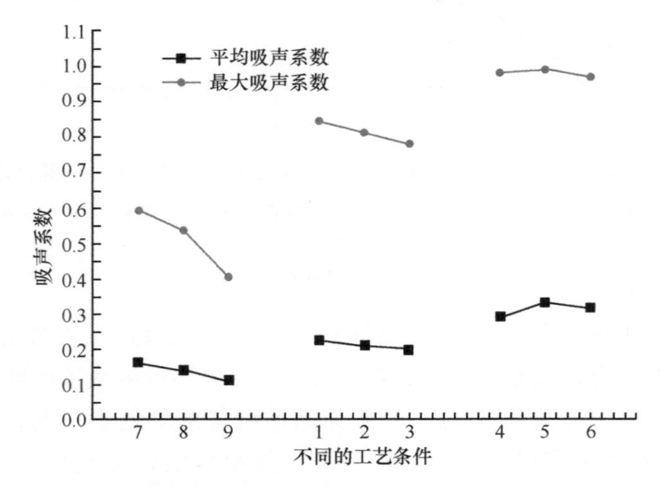

图 7-8 不同工艺条件下木纤维-聚酯纤维复合吸声材料的平均吸声系数和最大吸声系数

Fig.7-8 The average and maximum sound absorption coefficients of different process conditions wood-polyester fiber composite

表 7-4 表示平均吸声系数方差分析广义线性模型显著性检验，其中，F=335.61，P

<0.001，R^2为 0.974 表明平均吸声系数方差分析广义线性模型显著性检验在统计学上存在意义。表 7-5 表示平均吸声系数方差分析和显著性分析，由表可以看出密度和木纤维混合比例及两者的交互作用均具有统计学意义，它们对应的 F 值分别为 1273.68、18.62、25.06，P 值均小于 0.001。也就是说木纤维-聚酯纤维复合吸声材料的密度和木纤维混合比例对复合材料的平均吸声系数都具有显著影响。从表 7-6 中可以看出密度一定的情况下，不同的混合比例之间复合材料的平均吸声系数差异显著，其中 0.1g/cm^3 的不同木纤维混合比例之间差异没有其余两个密度范围内差异显著（表 7-7 中工艺 4、5、6 中 4 和 5、5 和 6 之间的 P 值大于 0.01）。

表 7-4　平均吸声系数方差分析的广义线性模型 *F* 检验

Table 7-4　The general liner model procedure

来源	自由度	平方和	均方值	F 值	R^2	Pr>F
模型	5	0.445 864 68	0.055 733 09	335.61	0.973 883	<0.0001
误差	12	0.011 956 79	0.000 166 07			
校正模型	17	0.457 821 47				

表 7-5　平均吸声系数方差分析和显著性分析

Table 7-5　The average sound absorption coefficient of variance analysis and significance analysis

来源	自由度	偏差平方和	均方值	F 值	Pr>F
密度	2	0.423 030 94	0.211 515 47	1 273.68	<0.000 1
混合比例	2	0.006 184 43	0.003 092 22	18.62	<0.000 1
密度×混合比例	4	0.016 649 31	0.004 162 33	25.06	<0.000 1

表 7-6　密度和木纤维混合比例对其平均吸声系数影响的显著性分析

Table 7-6　The significance analysis of the effect of density and ratio of wood fiber on average sound absorption coefficient

密度/(g/cm^3)	自由度	平方和	均方值	F 值	Pr>F
0.08	2	0.011 685	0.005 843	35.18	<0.0001
0.10	2	0.003 314	0.001 657	9.98	0.0001
0.13	2	0.007 834	0.003 917	23.59	<0.0001
混合比例	**自由度**	**平方和**	**均方值**	**F 值**	**Pr>F**
30%	2	0.076276	0.038 138	229.65	<0.0001
45%	2	0.171 882	0.085 941	517.51	<0.0001
60%	2	0.191 522	0.095 761	576.64	<0.0001

表 7-7　不同工艺条件之间的平均吸声系数方差分析

Table 7-7　The variance analysis of average sound absorption coefficient between different process conditions

i/j	1	2	3	4	5	6	7	8	9
1		3.505	8.353	−10.517	−7.956	−6.066	−21.430	−28.258	−25.484
		0.0008	＜0.0001	＜0.0001	＜0.0001	＜0.0001	＜0.0001	＜0.0001	＜0.000 1
2	−3.505		4.847	−14.022	−11.462	−9.572	−24.936	−31.764	−28.990
	0.0008		＜0.0001	＜0.0001	＜0.0001	＜0.0001	＜0.0001	＜0.0001	＜0.000 1
3	−8.352	−4.847		−18.8696	−16.309	−14.419	−29.783	−36.611	−33.837
	＜0.0001	＜0.0001		＜0.0001	＜0.0001	＜0.0001	＜0.0001	＜0.0001	＜0.000 1
4	10.516	14.022	18.870		2.560	4.451	−10.913	−17.741	−14.967
	＜0.0001	＜0.0001	＜0.0001		0.0125	＜0.0001	＜0.0001	＜0.0001	＜.00001
5	7.956	11.462	16.309	−2.567		1.890	−13.474	−20.302	−17.528
	＜0.0001	＜0.0001	＜0.0001	0.0125		0.0628	＜0.0001	＜0.0001	＜.0001
6	6.066	9.572	14.419	−4.451	−1.890		−15.363	−22.192	−19.418
	＜0.0001	＜0.0001	＜0.0001	＜0.0001	0.0628		＜0.0001	＜0.0001	＜0.0001
7	21.430	24.936	29.783	10.913	13.474	15.364		−6.828	−4.0543
	＜0.0001	＜0.0001	＜0.0001	＜0.0001	＜0.0001	＜0.0001		＜0.0001	＜0.0001
8	28.258	31.764	36.611	17.742	20.302	22.192	6.828		2.774
	＜0.0001	＜0.0001	＜0.0001	＜0.0001	＜0.0001	＜0.0001	＜0.0001		0.007
9	25.484	28.990	33.837	14.968	17.5282	19.418	4.054	−2.774	
	＜0.0001	＜0.0001	＜0.0001	＜0.0001	＜0.0001	＜0.0001	＜0.0001	0.007	

表 7-8～表 7-10 表示最大吸声系数方差分析广义线性模型显著性检验，其中，F=290，P＜0.001，R^2 为 0.9699 表明最大吸声系数方差分析广义线性模型显著性检验在统计学上存在意义。表 7-11 表示最大吸声系数方差分析和显著性分析，由表可以看出密度和木纤维混合比例及两者的交互作用均具有统计学意义，它们对应的 F 值分别为 1087.01、45.22、13.89，P 值均小于 0.001。也就是说木纤维-聚酯纤维复合吸声材料的密度和木纤维混合比例对复合材料的最大吸声系数都具有显著影响。从表 7-10 中可以看出密度为 0.08g/cm^3 和 0.10g/cm^3 的木纤维-聚酯纤维复合吸声材料，不同的混合比例之间复合材料的最大吸声系数差异显著，但 0.1g/cm^3 的不同木纤维混合比例之间差异不显著（表 7-11 中工艺 7、8、9 中两两之间差异分析 P 值分别为 0.6188、0.4942、0.2392，其均大于 0.05）。但是同一木纤维混合比例的不同材料密度之间最大吸声系数之间差异显著。

表 7-8　最大吸声系数方差分析的广义线性模型显著性分析

Table7-8　The General liner model Procedure

来源	自由度	平方和	均方值	F 值	R^2	Pr＞F
模型	8	3.303 150 62	0.412 893 83	290	0.969 9	＜0.000 1
误差	72	0.102 511 11	0.001 423 77			
校正模型	80	3.405 661 73				

表 7-9　最大吸声系数方差分析和显著性分析

Table 7-9　The maximum sound absorption coefficient of variance analysis and significance analysis

来源	自由度	偏差平方和	均方值	*F* 值	Pr＞*F*
密度	2	3.095 298 77	1.547 649 38	1 087.01	＜0.000 1
混合比例	2	0.128 772 84	0.064 386 42	45.22	＜0.000 1
密度×混合比例	4	0.079 079 01	0.019 769 75	13.89	＜0.000 1

表 7-10　密度和纤维混合比例对其最大吸声系数影响的显著性分析

Table 7-10　The significance analysis of the effect of density and ratio of wood fiber on maximum sound absorption coefficient

密度/（g/cm^3）	自由度	平方和	均方值	*F* 值	Pr＞*F*
0.08	2	0.168 622	0.084311	59.22	＜0.000 1
0.10	2	0.037 207	0.018604	13.07	＜0.000 1
0.13	2	0.002 022	0.001011	0.710	0.495
混合比例	**自由度**	**平方和**	**均方值**	***F* 值**	**Pr＞*F***
30%	2	0.695 563	0.347 781	244.27	＜0.0001
45%	2	0.994 096	0.497 048	349.11	＜0.0001
50%	2	1.484 719	0.742 359	521.41	＜0.0001

表 7-11　不同工艺条件之间的最大吸声系数方差分析

Table 7-11　The variance analysis of maximum sound absorption coefficient between different process conditions

i/j	1	2	3	4	5	6	7	8	9
1		3.248 23	10.619 2	−14.054 9	−15.366 7	−10.431 8	−21.800 7	−22.3004	−21.1135
		0.001 8	＜0.000 1	＜0.000 1	＜0.000 1	＜0.000 1	＜0.000 1	＜0.0001	＜0.0001
2	−3.248 24		7.37100	−17.3031	−18.614 9	−13.680 1	−25.048 9	−25.5486	−24.3618
	0.001 8		＜0.0001	＜0.0001	＜0.000 1	＜0.000 1	＜0.000 1	＜0.0001	＜0.0001
3	−10.619 2	−7.371		−24.6741	−25.985 9	−21.051 1	−32.419 9	−32.9196	−31.7328
	＜0.000 1	＜0.000 1		＜0.0001	＜0.000 1	＜0.000 1	＜0.000 1	＜0.0001	＜0.0001
4	14.054 8	17.303 1	24.6741		−1.311 8	3.623 03	−7.745 8	−8.24553	−7.05867
	＜0.000 1	＜0.000 1	＜0.0001		0.193 8	0.000 5	＜0.000 1	＜0.0001	＜0.0001
5	15.366 6	18.614 9	25.9859	1.311 78		4.934 82	−6.434 01	−6.93374	−5.74688
	＜0.000 1	＜0.000 1	＜0.0001	0.193 8		＜0.000 1	＜0.000 1	＜0.0001	＜0.0001
6	10.431 8	13.680 0	21.051 0	−3.623 03	−4.934 82		−11.368 8	−11.868 6	−10.681 7
	＜0.000 1	＜0.000 1	＜0.000 1	0.000 5	＜0.000 1		＜0.000 1	＜0.000 1	＜0.000 1
7	21.800 6	25.048 9	32.419 9	7.745 79	6.434 01	11.368 8		−0.499 7	0.687 12
	＜0.000 1	＜0.000 1	＜0.000 1	＜0.000 1	＜0.000 1	＜0.000 1		0.618 8	0.494 2
8	22.300 4	25.548 6	32.919 6	8.245 52	6.933 73	11.868 5	0.499 72		1.186 9
	＜0.000 1	＜0.000 1	＜0.000 1	＜0.000 1	＜0.000 1	＜0.000 1	0.618 8		0.239 2
9	21.113 5	24.361 7	31.732 7	7.0586 7	5.746 88	10.681 7	−0.687 13	−1.186 86	
	＜0.000 1	＜0.000 1	＜0.000 1	＜0.000 1	＜0.000 1	＜0.000 1	0.494 2	0.239 2	

三、不同木纤维混合比例木纤维-聚酯纤维复合吸声材料的吸声性能分析

图 7-9～图 7-11 分别表示 0.08g/cm³、0.10g/cm³、0.13g/cm³ 密度的不同木纤维混合比例木纤维-聚酯纤维复合吸声材料吸声系数大小。图 7-9 中对照组、F-7、F-8、F-9 的木纤维混合比例分别为 0%、30%、45%、60%，在小于 500Hz 的低频段，木纤维的混合比例对其吸声性能没有显著影响，但是大于 500Hz 后随着木纤维的混合比例增加吸声系数随频率的增加增长缓慢。与对照组（木纤维混合比例 0%）的吸声系数相比表明聚酯纤维添加木纤维后吸声性能有所降低，这是因为首先，木纤维与聚酯纤维相比直径较大、长度较小，在密度相同的情况下，木纤维含量越大，单位体积内纤维的总长度减小，纤维之间形成的内部比表面积减小，孔隙结构的复杂性减小，所以吸声性能减小；其次，纤维的直径较小，形成的孔隙连通性通道较少，材料的流阻会增大；最后，聚酯纤维与木纤维相比直径较小，更加容易振动，更加有利于声波能量转化为木纤维振动的机械性能。

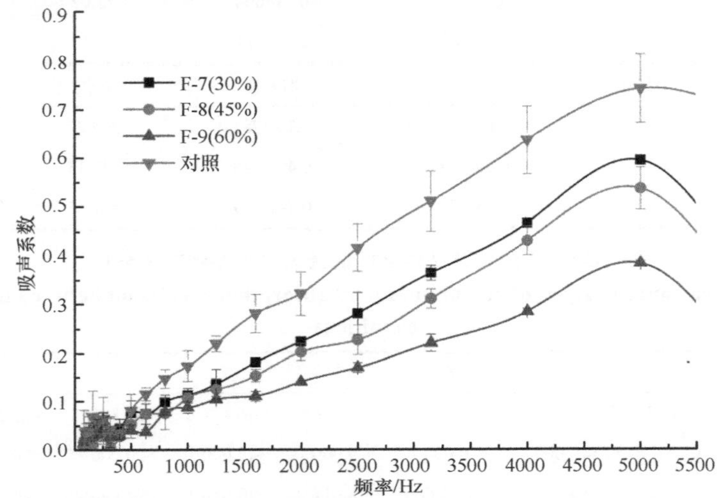

图 7-9　不同木纤维混合比例的木纤维-聚酯纤维复合吸声材料吸声系数（密度：0.08g/cm³）

Fig.7-9　The sound absorption coefficients of different wood fiber blending ratio（Density：0.08g/cm³）

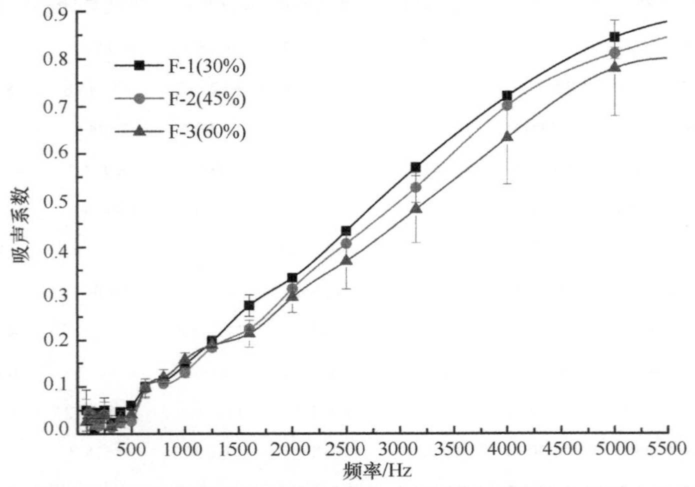

图 7-10　不同木纤维混合比例的木纤维-聚酯纤维复合吸声材料的吸声系数（密度：0.10g/cm³）

Fig.7-10　The sound absorption coefficients of different wood fiber blending ratio（Density:0.10g/cm³）

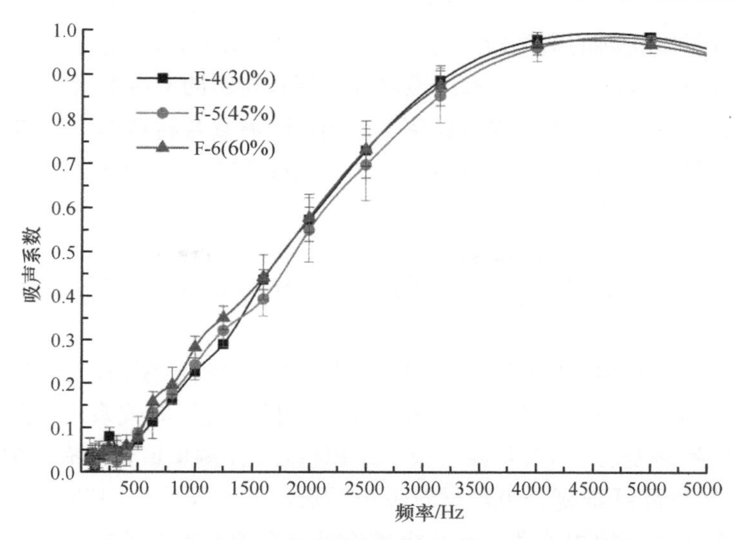

图 7-11　不同木纤维混合比例的木纤维-聚酯纤维复合吸声材料的吸声系数（密度：0.13g/cm^3）
Fig.7-11　The sound absorption coefficients of different wood fiber blending ratio（Density:0.13g/cm^3）

但是从图 7-9～图 7-11 可以看出，随着复合纤维材料的密度增加，木纤维混合比例的影响减弱，当密度增加到 0.13g/cm^3 时，木纤维的混合比例影响减小，表 7-10 中可以看出密度为 0.08g/cm^3 和 0.10g/cm^3 的木纤维-聚酯纤维复合吸声材料，不同的混合比例之间复合材料的最大吸声系数差异显著，但 0.1g/cm^3 的不同木纤维混合比例之间差异不显著（表 7-11 中工艺 7、8、9 中两两之间差异分析 P 值分别为 0.6188、0.4942、0.2392，均大于 0.05）。其中主要原因是首先，复合材料密度较小时，材料中大孔隙较多的纤维对孔隙的影响较大，当材料的密度增加孔隙率减小，孔隙减小，纤维更加密实，纤维的大小对内部孔隙的结构影响较小；其次，材料的密度越大，纤维之间靠近，纤维的振动受到限制，所以纤维大小和是否易振动之间的相关性下降。所以在密度较小的时候，随木纤维含量增加，复合纤维材料的吸声性能减小，但是随密度的增加，木纤维的混合比例的影响减小。

四、小结

通过聚酯纤维和木纤维针刺复合，以木纤维混合比例和木纤维-聚酯纤维复合吸声材料的密度为全因子试验，通过方差分析说明参数对其吸声性能的影响结果。具体结论如下所述。

（1）木纤维-聚酯纤维复合吸声材料吸声特性满足一般纤维吸声材料的吸声特性，即在低频吸声系数很低，随着频率的增加吸声系数先变大后减小。在试验设计的密度范围内（0.08～0.13g/cm^3），随密度增加其吸声性能显著提高，平均吸声系数随密度增加从 0.11 增加到 0.29，而最大吸声系数随密度增加从 0.40 增加到 0.98。

（2）通过密度 0.08g/cm^3 的对照组分析，木纤维-聚酯纤维复合吸声材料（平均吸声系数 0.14，最大吸声系数 0.511）的吸声性能要小于单纯的聚酯纤维材料（平均吸声系数 0.218，最大吸声系数 0.740）。随着木纤维混合比例增加，复合吸声材料的吸声性能降低，但当复合纤维材料的密度较大时，木纤维混合比例对吸声性能的影响较小。

（3）通过方差分析结果显示，木纤维混合比例和材料的密度对吸声性能的影响存在交互作用。在试验设计的密度和混合比例范围内，随着复合材料密度的增加木纤维混合比例的影响越来越小，当复合材料的密度为 0.13g/cm^3 时，木纤维混合比例的 3 个水平其吸声性能没有显著差异。

第二节 木纤维-聚酯纤维复合吸声材料理论吸声性能分析

第五章研究了木纤维-聚酯纤维复合吸声材料的理论吸声模型，建立了木纤维-聚酯纤维复合吸声材料参数与等效介质密度和体积弹性模量之间的关系，并通过针刺将聚酯纤维和杨木纤维针刺复合。本节将结合第五章模型理论，测量或计算有关复合材料参数，理论计算木纤维-聚酯纤维复合吸声材料吸声系数；通过非线性回归，分析理论吸声系数和实测吸声系数之间的相关性，并分析理论吸声系数产生误差的原因。

一、材料与方法

（一）试验材料

采用第一节的试验材料。市场上的聚酯纤维吸声板为对照组，其中厚度为 8mm，密度为 0.19g/cm^3。

（二）试验设备

（1）附温比重瓶：测试木纤维和聚酯纤维纤维密度。

（2）显微镜：光学显微镜 OLYMPUSCX31，主要用于聚酯纤维和木纤维直径的测试。

（3）静态流阻率测试仪：采用中国科学院声学研究所噪声与振动重点实验室静态流阻率测试仪，高精度静流阻仪可准确测定多孔材料在黏性流动与惯性流动区域下的线性与非线性静流阻。差压灵敏度：0.002Pa。流速控制范围：0.5～0.76m/s。

（4）扫描电镜：中国科学院植物研究所，日本 Hitachi S-4800，用于纤维形态表征，主要包括纤维的横截面和纤维表面形状，纤维横截面样品通过树脂包埋。

二、试验方法及性能测试

（1）纤维密度：参考东华大学竹原纤维密度测试方法，采用比重瓶法测量木纤维和聚酯纤维的密度，比重瓶法基于阿基米德原理，将纤维浸泡在蒸馏水中，测量所浸纤维排出的水的体积来代替纤维的体积，从而计算出纤维的密度，计算公式（7-1）为

$$\rho_{\mathrm{w}} \text{ or } \rho_{\mathrm{p}} = \frac{m_{纤维+瓶} - m_{瓶}}{m_{纤维+水+瓶} - m_{瓶} - m_{水+瓶} + m_{纤维+瓶}} \rho_{水} \tag{7-1}$$

式中，ρ_{w} 和 ρ_{p} 分别表示木纤维和聚酯纤维的密度（g/cm^3）；$m_{瓶}$表示比重瓶的质量（g）；

$m_{水+瓶}$表示比重瓶内充满水后的质量（g）；$m_{纤维+瓶}$表示比重瓶内填充纤维后的质量（g）；$m_{瓶+纤维+水}$表示比重瓶内填充纤维后充满水的总质量(g)；$\rho_{水}$表示蒸馏水的密度(1.0g/cm^3)。

操作步骤如下：①依次用乙醇和蒸馏水清洗附温比重瓶的内外壁，用吹风机吹干比重瓶，称量瓶子质量，$m_{瓶}$；②比重瓶内充满蒸馏水，盖上盖子，用吸水纸擦干比重瓶的外壁，称量质量，$m_{瓶+水}$；③重复①然后将纤维填入比重瓶中，填入纤维的质量大约为0.05g，然后称重，$m_{纤维+瓶}$；④在③的基础上，向瓶内注满水，并用吸水纸擦干比重瓶的外壁，称量质量，$m_{瓶+纤维+水}$。同一纤维测量6组，结果取平均值。

（2）孔隙率：孔隙率是指多孔性吸声材料中全部开放孔隙占多孔性材料总体积的比例，对于多孔性纤维材料的孔隙率(ϕ)可以按照公式（7-2）计算：

$$\phi=1-\frac{\rho}{\rho_{\mathrm{f}}} \tag{7-2}$$

$$\overline{\rho_{\mathrm{f}}}=\frac{\rho_{\mathrm{w}}\rho_{\mathrm{p}}}{N\rho_{\mathrm{w}}+(1-N)\rho_{\mathrm{p}}} \tag{7-3}$$

式中，ρ 表示木纤维-聚酯纤维复合吸声材料的密度（g/cm^3）；$\overline{\rho_{\mathrm{f}}}$ 表示木纤维-聚酯纤维复合吸声材料等效密度（g/cm^3）；N表示木纤维和聚酯纤维的质量混合比例。

（3）纤维直径：聚酯纤维和木纤维直径测试采用投影法，分别任意取300根聚酯纤维和木纤维，用双面胶固定在玻璃片上如图7-12所示，为了测量准确，纤维伸直不弯曲。采用显微镜测量其直径大小，放大倍数为40，纤维直径取测量结果的平均值。

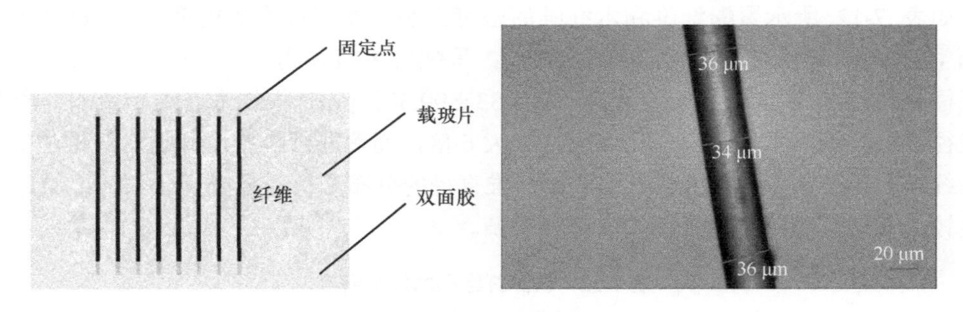

图7-12　纤维直径测试示意图

Fig.7-12　The schematic diagram of fiber diameter measurement

（4）流阻率：流阻率测试按照国家标准GB/T 25077—2010《声学　多孔吸声材料流阻测量》（图7-13）。试件为吸声测试小管试件（φ30 mm）。试件厚度利用游标卡尺测得，将试件放入腔体之中，用凡士林密封边缘，调节气流速度，记录压差，根据上述标准计算材料的流阻率。

（5）纤维表面和横截面形态：纤维横截面形态扫描电镜样品（纤维树脂包埋），将SPI-PON812树脂（47.092g）、硬化剂（DDSA，24.723g）、塑化剂（NMA，23.03g）混合均匀，再加入固化剂促进剂（DMP-30，1.176g）混合均匀，待用。将聚酯纤维和木纤维、包埋板放入60℃的干燥烘箱里烘干水分，分别将两种纤维放入包埋板槽中，再将树

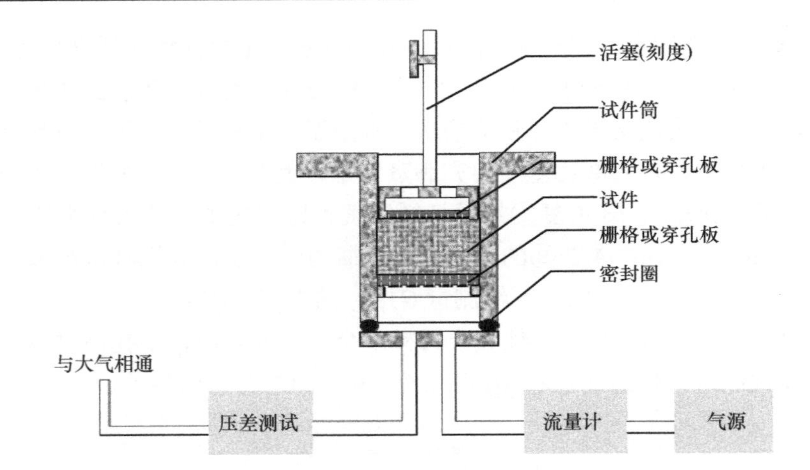

图 7-13 木纤维-聚酯纤维复合吸声材料的流阻率测量示意图

Fig.7-13 The schematic diagram of flow resistivity of wood-polyester fiber composite

脂滴入样品槽（滴满样品槽），用回形针轻微拨动纤维，让树脂包裹整个纤维，去除其中的气泡，然后真空干燥 24h（60℃±2℃）。

三、木纤维-聚酯纤维复合吸声材料的理论吸声系数

（一）纤维密度及直径大小

如表 7-12 所示聚酯纤维和木纤维的密度大小，聚酯纤维的密度为（1.69±0.20）g/cm^3，木纤维密度为（0.83±0.07）g/cm^3。聚酯纤维直径为（34.69±5.46）μm，木纤维直径分布如图 7-14 所示，直径为（204.33±99.38）μm。根据木纤维和聚酯纤维密度和直径结果分析，木纤维直径比聚酯纤维大 6 倍，而聚酯纤维密度却是木纤维的 2 倍，聚酯纤维的比表面积比木纤维大。从木纤维直径的分布和标准差分析，木纤维的直径变异性较大，这也是后续理论误差的主要来源。

表 7-12 聚酯纤维和木纤维密度

Table 7-12 The densities of polyester fiber and wood fiber

	编号	$m_{瓶}$/g	$m_{瓶+水}$/g	$m_{瓶+纤维}$/g	$m_{瓶+水+纤维}$/g	纤维密度/（g/cm^3）
聚酯纤维	1	30.6501	81.8516	30.7359	81.8170	1.6758
	2	30.6501	81.8516	30.7359	81.8088	1.9954
	3	30.6501	81.8516	30.7308	81.8229	1.5519
	4	30.6501	81.8516	30.7406	81.8117	1.7885
	5	30.6501	81.8516	30.7341	81.8271	1.4118
	6	30.6501	81.8516	30.7412	81.8142	1.6965
	平均值	/	/	/	/	1.6867
	标准差	/	/	/	/	0.1999
木纤维	1	30.6191	81.7833	30.7026	81.8005	0.8292
	2	30.6191	81.7833	30.6971	81.7857	0.9701

续表

	编号	$m_{瓶}$/g	$m_{瓶+水}$/g	$m_{瓶+纤维}$/g	$m_{瓶+水+纤维}$/g	纤维密度/（g/cm³）
木纤维	3	30.6191	81.7833	30.7053	81.8048	0.8004
	4	30.6191	81.7833	30.7041	81.8066	0.7849
	5	30.6191	81.7833	30.6973	81.8037	0.7931
	6	30.6191	81.7833	30.7311	81.8109	0.8023
	平均值	/	/	/	/	0.8300
	标准差	/	/	/	/	0.0703

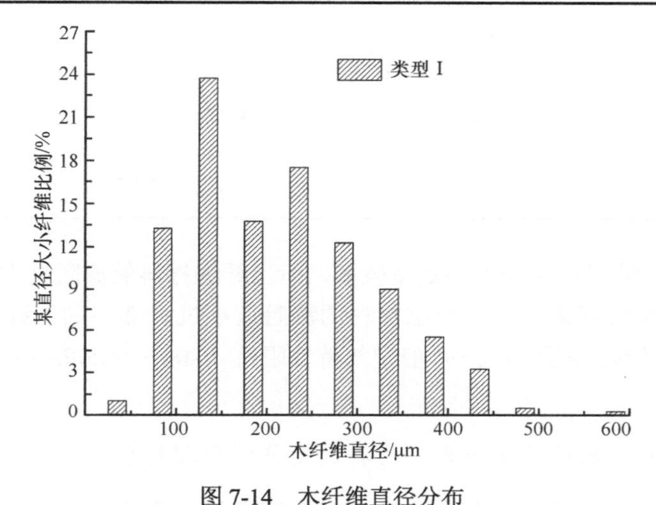

图 7-14　木纤维直径分布

Fig.7-14　The diameter size distribution of wood fiber

（二）木纤维-聚酯纤维复合吸声材料流阻率

表 7-13 表示不同工艺条件下木纤维-聚酯纤维复合吸声材料的流阻率大小。流阻是空气质点通过材料孔隙中的阻力。在稳定流体状态下，吸声材料的压力梯度与气流流速之间的比值被称为流阻（Pa·s/m³），而单位厚度的流阻被称为流阻率（Pa·s/m²）。从表 7-13 可知随密度的增加其流阻率变大，主要原因是首先，复合材料的密度增加材料内部的孔隙率减小，空气在材料内部移动阻力变大（表 7-14）；其次，随木纤维混合比例的增加材料内部的孔隙率也相应减小（表 7-14），其流阻率变大，主要原因是木纤维的直径比聚酯纤维直径大，木纤维密度较小，在材料密度相同的情况下，木纤维混合比例越大，其等效纤维直径越大，内部孔隙率越小，流阻率变大，但是内部孔隙的表面积减小；纤维材料的流阻率也与纤维的类型有关，试验中 F-4 号样品（0.137g/cm³）的密度较对照组（0.190g/cm³）小，但是流阻率却比对照组大，主要原因是与纤维的类型有关，因为木纤维的直径较聚酯纤维大而密度小，所以在材料密度相同的情况下，复合纤维的流阻率要大于聚酯纤维的流阻率。

如果流阻在一个相对较宽的范围之内，纤维材料的吸声性能随流阻的增加而增加，但当流阻增加到某一特定值时，吸声性能会随流阻的增加而减小。因为如果纤维材料的

表 7-13　木纤维-聚酯纤维复合吸声材料的流阻率

Table 7-13　The flow resistivity of wood-polyester fiber composite

编号	密度/（g/cm³）	流阻率/（×10⁴Pa·s/m²）	等效纤维直径/μm	等效纤维密度/（g/cm³）
F-1	0.094	1.5	32.500	1.285
F-2	0.110	4.4	44.070	1.150
F-3	0.095	2.3	58.340	1.041
F-4	0.137	6.0	32.500	1.285
F-5	0.129	4.7	44.070	1.150
F-6	0.124	5.3	58.340	1.041
F-7	0.078	1.3	32.500	1.285
F-8	0.078	1.4	44.070	1.150
F-9	0.079	1.4	58.340	1.041
对照	0.190	5.2	34.690	1.687

密度太小时，与声波干涉的纤维的数量较多，但当纤维材料的流阻过大时，声波很难进入材料内部而被反射回来，所以纤维材料的流阻过小过大都不利于纤维材料的吸声性能。根据经验当材料的流阻在 2～4 倍空气特性阻抗（800～1600Pa·s/m³）时，材料的吸声性能良好。

（三）木纤维-聚酯纤维复合吸声材料的现象模型理论吸声性能分析

根据第五章木纤维-聚酯纤维复合吸声材料现象模型理论，将声波在复合吸声材料中的传播等效于研究声波在某一特定介质中传播。声波在流体中传播主要与流体的密度和体积弹性模量有关。根据动态曲折度和有效密度的定义，建立复合材料的孔隙率、曲折度、黏性/热特征长度、黏性/热渗透率与等效介质的密度和体积弹性模量之间的关系。根据第五章第三节公式（5-64）和公式（5-65）计算木纤维-聚酯纤维复合吸声材料的黏性/热特征长度，根据方程式（5-67）和式（5-69）计算木纤维-聚酯纤维复合吸声材料的黏性/热渗透率，结果如表 7-14 所示。所以建立了材料的参数与等价介质的体积弹性模量和密度之间的关系：

$$a(\omega)=\frac{v\phi}{j\omega q_0}\left\{\sqrt{\left[1+\left(\frac{2\alpha_\infty q_0}{\phi \wedge}\right)^2\frac{j\omega}{v}\right]}\right\}+\alpha_\infty \tag{7-4}$$

$$\alpha'(\omega)=\frac{v'\phi}{j\omega q_0'}\left\{\sqrt{\left[1+\left(\frac{2q_0'}{\phi \wedge'}\right)^2\frac{j\omega}{v'}\right]}\right\}+1 \tag{7-5}$$

$$\rho=\rho_0\alpha(\omega) \tag{7-6}$$

$$K=\frac{\gamma p_0}{\gamma-(\gamma-1)\alpha'(\omega)} \tag{7-7}$$

研究声波在聚合物复合纤维吸声材料中的传播特性等效于研究声波在有界等效介

质中的传播特性。根据第五章第二节声波在有界流体中传播理论：

$$Z_c=(\rho K)^{1/2} \tag{7-8}$$

$$k=\omega(\rho/K)^{1/2} \tag{7-9}$$

$$Z(M_2)=Z_c\frac{-jZ(M_1)\operatorname{cotg}kd+Z_c}{Z(M_1)-jZ_c\operatorname{cotg}kd} \tag{7-10}$$

其中，$Z(M_1)$ 为无穷大，所以：

$$Z(M_2)=-jZ_c\operatorname{cotg}kd \tag{7-11}$$

M_2 与 M_3 相邻所以 $Z(M_2)=Z(M_3)$，反射系数和吸声系数分别为

$$R(M)=\frac{p'(M_3,t)}{p(M_3,t)}=\frac{Z(M_3)-Z'_c}{Z(M_3)+Z'_c} \tag{7-12}$$

$$\alpha(M)=1-|R(M)|^2 \tag{7-13}$$

木纤维-聚酯纤维复合吸声材料的理论吸声系数结果如表 7-14 所示。

表 7-14　木纤维-聚酯纤维复合吸声材料的基本参数大小

Table 7-14　The essential parameters of wood-polyester fiber composite

编号	孔隙率	曲折度	黏性渗透率/m²	热渗透率/m²	黏性特征长度/μm	热特征长度/μm
F-1	0.926	1.040	1.2×10^{-9}	8.1×10^{-8}	418.395	836.790
F-2	0.905	1.053	4.1×10^{-10}	6.9×10^{-8}	389.523	779.046
F-3	0.909	1.050	7.9×10^{-10}	1.0×10^{-7}	471.596	943.191
F-4	0.894	1.059	3.0×10^{-10}	3.7×10^{-8}	289.521	579.042
F-5	0.887	1.063	3.9×10^{-10}	4.8×10^{-8}	330.137	660.275
F-6	0.881	1.067	3.4×10^{-10}	5.7×10^{-8}	361.074	722.149
F-7	0.939	1.032	1.4×10^{-9}	1.2×10^{-7}	506.707	1013.414
F-8	0.932	1.036	1.3×10^{-9}	1.4×10^{-7}	549.127	1098.254
F-9	0.924	1.041	1.3×10^{-9}	1.5×10^{-7}	566.546	1133.092
对照	0.887	1.063	2.0×10^{-10}	1.1×10^{-8}	153.978	307.956

四、理论吸声性能与实测吸声性能相关性分析

如图 7-15 所示，聚酯纤维理论吸声系数与实测吸声系数之间的相关性分析，通过非线性回归分析，实测吸声系数与理论吸声系数之间满足幂函数关系（$y=a+bx^c$），其中 a、b、c 为常数，不同的工艺条件下的回归系数以及回归系数标准差如表 7-15 所示。根据模型回归检验如表 7-16 所示，在 95%置信区间内，除 F-9 工艺条件下其他工艺条件下的回归决定系数为 0.72～0.97。在低频部分（特别是小于 315Hz）理论吸声性能和非线性回归模型之间的误差较大，最大为 38%，主要原因是首先，复合纤维属于多孔性吸声材料，其在低频的吸声系数很小，测量时低频的吸声系数误差较大；其次，等效流阻模型本身对低频的预测存在一定的误差。所以测量误差和理论误差同时导致低频段理论吸声性能与非线性回归模型之间的误差较大。但在中高频部分，理论吸声性能和非线性回归模型之间误差很小，不超过 10%。

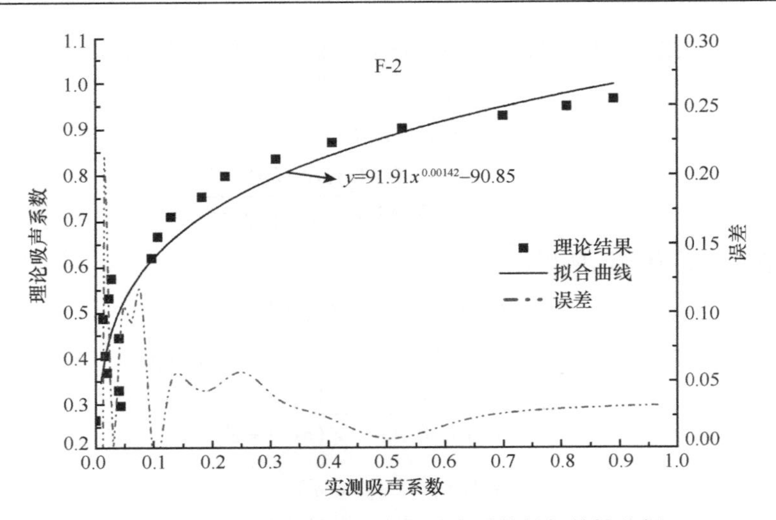

图 7-15 理论吸声系数与实测吸声系数的相关性分析
Fig.7-15 The correlation analysis between theoretical and measure sound absorption coefficient

表 7-15 理论吸声系数与实测吸声系数之间的非线性回归
Table 7-15 The non-linear regression between theoretical and measure sound absorption coefficient

编号	*a*		*b*		*c*	
	值	标准差	值	标准差	值	标准差
F-1	−90.85	14 377.86	91.91	14 377.82	0.001 42	0.22
F-2	−0.16	0.87	1.18	0.83	0.179 03	0.19
F-3	−116.59	20 607.86	117.66	20 607.81	0.001 29	0.23
F-4	−0.42	0.69	1.34	0.68	0.163 43	0.11
F-5	−22.67	421.45	23.60	421.43	0.006 83	0.12
F-6	−103.35	6 058.59	104.27	6 058.57	0.001 68	0.10
F-7	−405.87	287 552.4	407.05	287 552.36	3.94×10^{-4}	0.28
F-8	−0.80	4.33	1.98	4.24	0.080 95	0.22
F-9	173.02	120752.5	−171.87	120 752.33	-7.35×10^{-4}	0.52
对照组	−0.22	0.57	1.16841	0.52175	0.23465	0.18

表 7-16 非线性回归模型显著性检验
Table 7-16 Significance test of non-linear regression

编号	决定系数 R^2	*F* 值	Pr>*F*
F-1	0.73	407.430	4.33×10^{-15}
F-2	0.84	393.461	5.77×10^{-15}
F-3	0.81	433.132	2.66×10^{-15}
F-4	0.93	666.902	1.11×10^{-16}
F-5	0.95	987.215	0.00

续表

编号	决定系数 R^2	F 值	Pr>F
F-6	0.97	1630.041	0.00
F-7	0.79	779.315	0.00
F-8	0.72	436.302	2.44×10^{-15}
F-9	0.39	196.970	1.74×10^{-12}
对照组	0.86	255.100	2.10×10^{-13}

五、理论模型理论吸声系数误差分析

（一）木纤维形态的不规整性

由于木纤维特殊的加工方式（热磨），所以木纤维的形态不规整并且差异性较大，如图 7-16 所示，木纤维是由数根未彻底分离的纤维束组成，纤维呈现为“树叉”状，所以纤维在直径测量时存在一定的误差。不同纤维之间大小差异较大，同一根纤维在长度方向上的直径变化也较大；图 7-16（右）表示纤维的横截面形态，从图上可以看出纤维横截面为不规则的形状，在通过显微镜测试其直径时测量的误差较大。而等效纤维直径是通过木纤维直径和聚酯纤维直径两者加权计算得出[如方程式（7-3）]，所以与等效纤维有关的参数都会存在一定的误差，如等效纤维密度、孔隙率、特征长度等。如图 7-17 所示单纯的聚酯纤维板（纤维直径 34μm，体积密度为 $0.19\mathrm{g/cm^3}$，流阻率为 $5.1\times10^4\mathrm{Pa\cdot s/m^2}$）的实测和现象理论吸声系数，从图上可以得出其理论和实测的吸声系数满足很好的线性相关性，线性决定系数 R^2=0.95，线性相关性检验的 P 值为 1.11×10^{-16}。所以木纤维形态的不规整是理论吸声系数产生误差的主要原因。

（二）木纤维-聚酯纤维复合吸声材料参数计算误差

因为受到测量条件的限制，木纤维-聚酯纤维复合吸声材料的孔隙率、孔隙曲折度、特征长度、渗透率都通过经验模型求得，与真实值存在一定的差异，所以导致理论吸声系数产生一定的误差。

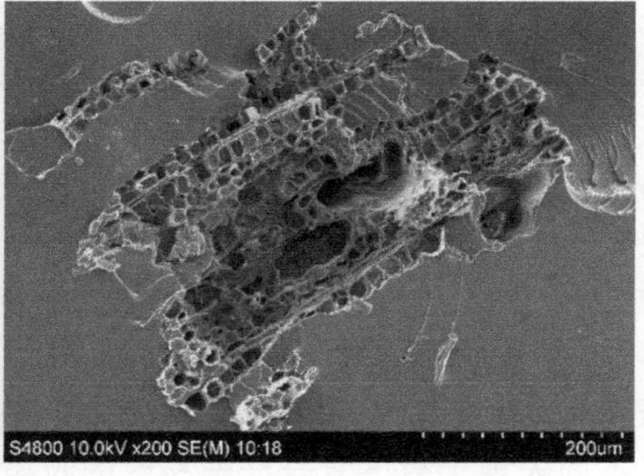

图 7-16　木纤维结构形态

Fig.7-16　The structure morphology of wood fiber

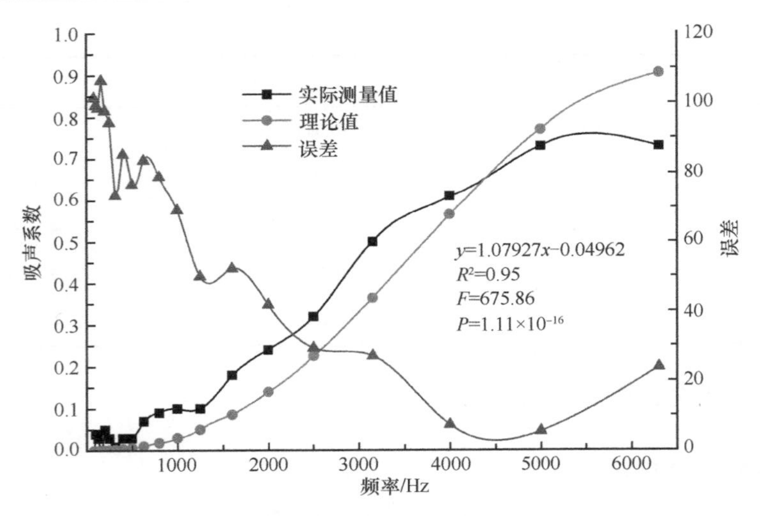

图 7-17　聚酯纤维吸声板理论与实测吸声系数

Fig.7-17　The measurement and theory sound absorption coefficient of polyester fiber material

六、小结

（1）通过非线性回归分析，实测吸声系数与理论吸声系数之间满足幂函数关系，在95%置信区间内，除 F-9 工艺条件下其他工艺条件下的回归决定系数为 0.72～0.97。在低频部分（特别是小于 315Hz）理论吸声性能与非线性回归模型之间的误差较大，最大为 38%。但在中高频部分，理论吸声性能和非线性回归模型之间误差小于 10%。

（2）理论吸声系数与实测吸声系数相比，产生误差的主要原因是木纤维形态的不规整性，因为木纤维的特殊加工方式，木纤维由多根未彻底分离的纤维束组成，纤维表面存在许多缝隙，纤维的横截面形状不规整，所以导致等效纤维密度、孔隙率、特征长度等一系列与木纤维直径有关的参数都存在误差。

第三节　木纤维-聚酯纤维复合吸声材料吸声性能影响因素分析

影响纤维吸声材料吸声特性的因素主要分为宏观结构参数和微观结构参数，其中宏观参数包括：流阻、厚度、密度、空腔深度、孔隙率曲度、孔隙率以及幅面材料性能；微观参数包括纤维直径、纤维的横截面和表面形态等。衡量纤维材料的吸声性能主要有吸声系数、平均吸声系数、降噪系数、最大吸声系数，这些参数仅反映入射声场和反射声场的能量数量关系，而声阻抗不仅可以反映入射声场和反射声场之间的能量关系，也反映它们之间的相位关系。借助声阻抗可以分析材料的阻性、惯性、弹性及其与频率之间的关系，从而进一步了解纤维材料的吸声特性。

本节首先根据等效介质模型参数，借助方差分析研究复合纤维材料宏观参数（流阻、纤维混合比例、密度、厚度、空腔深度、孔隙率和曲折度）对吸声性能的影响机理，分析不同宏观参数下复合纤维材料的吸声系数和声阻抗的变化规律。其次，借助扫描电镜分析纤维直径大小、横截面和表面形态等微观参数对流阻、孔隙特征及吸声性能的影响。

一、材料与方法

（一）试验材料

选用第二节的试验材料。

（二）试验设备

利用阻抗管（SW 422 和 SW477），北京声望声电技术有限公司生产、扫描电镜（中国科学院植物研究所，日本 Hitachi S-4800）。

（三）试验方法

（1）吸声性能测试方法（见第一节），与第一节不同的是测量时留有一定的空腔深度（0mm、10mm、15mm）；

（2）纤维形态表征参照第二节。

二、各因素对木纤维-聚酯纤维复合吸声材料吸声性能的影响

（一）体积密度对木纤维-聚酯纤维复合吸声材料吸声性能的影响

体积密度反映了材料的密实程度，材料的密度越大表示材料越密实，声波通过材料越不容易。在试验设计密度范围内，随着密度增加，特别在中高频部分（大于 500Hz），吸声系数显著提高（图 7-18）。如图 7-18 所示随密度的增加复合材料最大吸声系数增加，并且向低频方向移动。主要原因是增加材料的密度，流阻也相应提高，共振吸声系数增加，低频对于较高流阻具有选择性，所以提高材料的密度，材料的低频吸声性能显著提

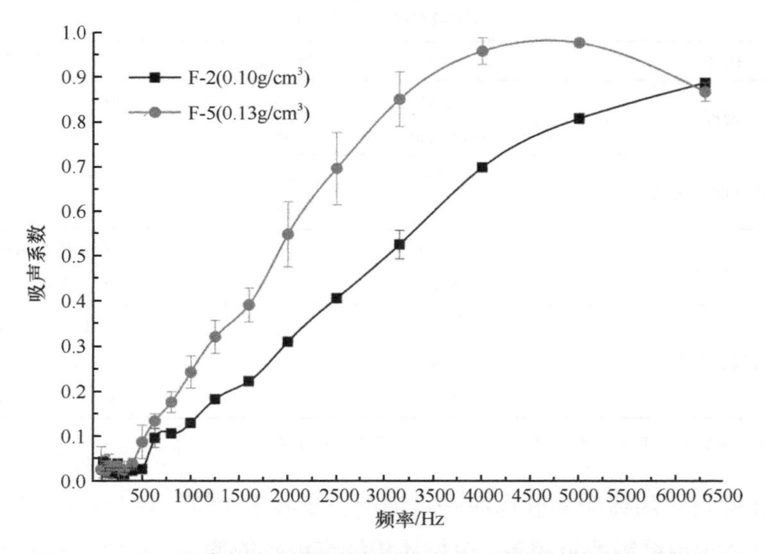

图 7-18　不同密度的木纤维-聚酯纤维复合吸声材料的吸声系数大小

Fig.7-18　The sound absorption coefficient of different densities of wood-polyester composite

高。表 7-17～表 7-19 和方差分析结果表明，木纤维-聚酯纤维复合吸声材料的密度对平均吸声性能具有显著的影响，当材料的密度从 0.10g/cm^3 增加到 0.13g/cm^3，平均吸声系数增加了 0.08。根据材料参数与等效介质的密度和体积弹性模量之间的关系以及表 7-14 分析可知，随着复合材料的密度从 0.08g/cm^3 增加到 0.13g/cm^3（木纤维混合比例 30%）时，复合材料内部的孔隙率下降了 4.5%，孔隙的曲折度增加了 0.027，这反映了复合材料中的孔隙减小，孔隙结构变得复杂；复合材料的特征长度和渗透率都减小，表明孔隙的有效面积和孔隙体积的比值增大。所以当复合材料的密度增大时（试验设计密度范围内），其吸声性能提高。

表 7-17　平均吸声系数方差分析的广义线性模型显著性分析

Table 7-17　The general liner model procedure of average sound absorption coefficient square error analysis

来源	自由度	平方和	均方值	F 值	R^2	Pr＞F
模型	5	0.773 634	0.154 726	157	0.922 445	＜0.0001
误差	66	0.065 044	0.000 985			
校正模型	71	0.838 679				

表 7-18　平均吸声系数方差分析结果

Table 7-18　The average sound absorption coefficient square error analysis and F test

来源	自由度	偏差平方和	均方值	F 值	Pr＞F
密度（g/cm^3）	1	0.127 512 50	0.127 512 50	129.39	＜0.000 1
混合比例	1	0.000 2	0.000 2	0.20	0.653 8
材料厚度（mm）	1	0.427 298 77	0.427 298 77	433.58	＜0.000 1
空气层厚度（mm）	2	0.218 623 69	0.1093 11 84	110.92	＜0.000 1

表 7-19　不同因子水平的平均吸声系数大小及其差异显著性分析

Table 7-19　The average sound absorption coefficient for different factor levels and significant differences analysis

因子	因子水平	自由度	平均吸声系数均值
密度	0.10g/cm^3	36	0.4017（0.1087）A
	0.13g/cm^3	36	0.4858（0.0922）B
木纤维混合比例	45%	36	0.4454（0.1018）A
	60%	36	0.4421（0.1165）A
材料厚度	12mm	36	0.3667（0.0888）A
	25mm	36	0.5208（0.0623）B
空气层厚度	0mm	36	0.3669（0.1228）A
	10mm	36	0.4710（0.0796）B
	15mm	36	0.4934（0.0742）C

注：同列相同字母表示之间无显著差异，不同字母表示之间差异显著

纤维多孔性材料的体积密度也在一定程度上反映了单位体积材料中纤维根数，密度越大表示单位体积内纤维数量越多。单位体积纤维根数的增加，材料的孔隙率下降，但单位体积内小孔的数量增加，内部孔隙的比表面积增大，形成的孔隙结构越复杂（表 7-20

中，在木纤维混合比例相同下，随密度的增加复合材料的孔隙率降低，但内部孔隙的曲折度变大）。密度较小时材料的孔隙率大，纤维之间形成的孔隙较大，并且孔隙之间的连通性简单，所以声波进入材料内部很容易穿过材料，传播路径较小。密度较小时，单位体积内纤维的根数较少，纤维表面与声波的作用减小，声波与纤维壁层之间的摩擦总量减少，纤维自身振动引起的声能较低。而密度较大时，单位体积内纤维的数量增加，孔隙率降低，但纤维之间形成的孔隙变小，孔隙结构更加复杂，内表面积增加，声波进入材料中传播途径增加，声波和纤维材料之间作用增加，另外，单位体积材料中纤维根数增加，声波引起纤维的振动增加，所以随密度增加其吸声性能提高（试验设计的密度范围内）。

表 7-20　木纤维-聚酯纤维复合吸声材料的孔隙率和孔隙曲折度

Table 7-20　The porosity and tortuosity of wood-polyester fiber composite

编号	材料密度/（g/cm^3）	等效纤维直径/μm	等效纤维密度/（g/cm^3）	孔隙率	曲折度	流阻率/（$\times10^4Pa\cdot s/m^2$）
F-1	0.094	32.50	1.285	0.926	1.040	1.5
F-2	0.110	44.07	1.150	0.905	1.053	4.4
F-3	0.095	58.34	1.041	0.909	1.050	2.3
F-4	0.137	32.50	1.285	0.894	1.059	6.0
F-5	0.129	44.07	1.150	0.887	1.063	4.7
F-6	0.124	58.34	1.041	0.881	1.067	5.3
F-7	0.078	32.50	1.285	0.939	1.032	1.3
F-8	0.078	44.07	1.150	0.932	1.036	1.4
F-9	0.079	58.34	1.041	0.924	1.041	1.4

声阻抗表示介质表面声压和通过该表面的声速的复数比，声阻抗由声阻和声抗两部分组成。声阻表征材料的摩擦损耗，与声波的传播速度有关，与频率无关，声阻反映了能量的耗散；而声抗则表征系统的质量和劲度（弹性），声抗将能量储存，由劲度声抗和质量声抗组成，并且劲度声抗和质量声抗在相位上刚好相反。在系统的固有频率时，质量声抗和劲度声抗相互抵消，总的声抗等于 0，这时只有摩擦声阻对抗声波运动，系统共振，此时声波的能量损失最大。如图 7-19 所示，随着复合材料的密度增加，复合材料的声阻先减小（小于 1500Hz）后增大，声抗也先减小（小于 5500Hz）后增大，声阻趋于常数（F-2 趋于 340Pa • s/m，而 F-5 趋于 1000Pa • s/m），而声抗 F-2 趋于 0，F-5 趋于 0 之后又增加到 273Pa • s/m，所以在试验设计的密度范围内，增加材料密度，其声阻增大，中低频部分声抗减小，吸声性能提高。但高频的声抗增加，反射声波和入射声波相互叠加，声场强度增加吸声性能降低。

（二）材料厚度对木纤维-聚酯纤维复合吸声材料吸声性能的影响

图 7-20 表示不同厚度木纤维-聚酯纤维复合吸声材料吸声性能，材料密度为 $0.13g/cm^3$，木纤维混合比例为 30%，材料厚度分别为 12mm 和 25mm 时，它们的平均吸声系数分别为 0.339 和 0.569，最大吸声系数分别为 0.980（4000Hz）和 0.916（2000Hz），厚度增加 2 倍，共振吸收峰值也相应向低频移动一半。根据表 7-18 和表 7-19 厚度对平

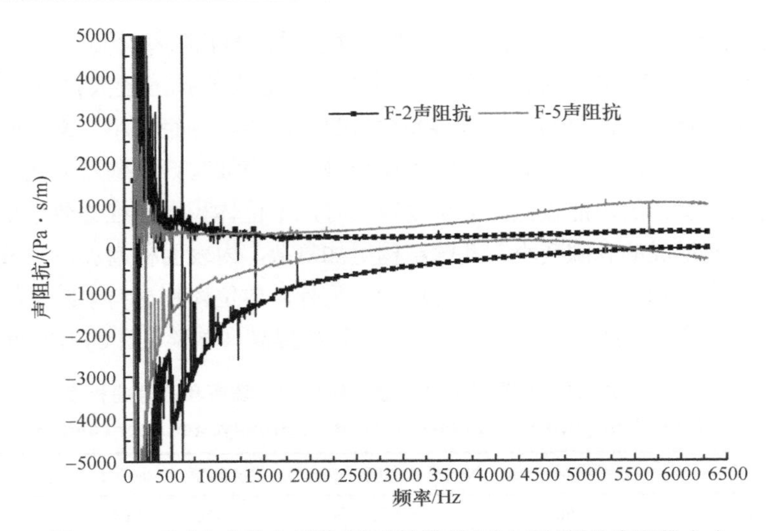

图 7-19 不同密度的木纤维-聚酯纤维复合吸声材料的声阻抗大小

Fig.7-19 The impedance of different densities of wood-polyester composite

均吸声系数的影响显著性分析，厚度对材料的平均吸声系数具有显著的影响。增加材料的厚度对低频吸声性能提高显著，高频的吸声系数略有所减低，最大吸声系数向低频移动。因为多孔材料的第一共振频率与声波的传播速度成正比，与材料的厚度成反比。当声波在纤维材料中的速度不变时，材料的厚度增加，第一共振频率向低频方向移动，所以随着木纤维-聚酯纤维复合吸声材料的厚度增加时，最大吸声系数向低频方向移动。当大于第一共振频率时，随厚度增加时，会出现声峰和声谷，导致吸声性能起伏，甚至稍微下降。其主要原因是：①高频声波主要在材料的表面被吸收，而低频声波在材料内部被吸收；②材料后表面的反射影响到材料前表面对声波的二次吸收，随着厚度增加，声波在材料内的衰减增加，前表面的二次吸收相对减小，导致对高频声波的吸声性能下

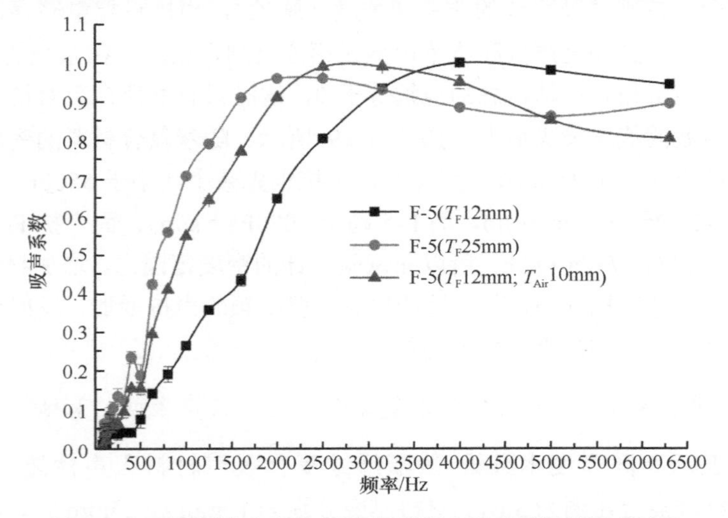

图 7-20 不同厚度木纤维-聚酯纤维复合吸声材料的吸声性能

Fig.7-20 The sound absorption coefficient of different thicknesses wood-polyester fiber composite

T_F表示材料厚度；T_{Air}表示空腔深度

降。但材料的厚度增加到一定程度时，单纯依靠增加材料的厚度提高材料的吸声性能，效果已经不明显（表 7-20），实际过程中一般通过增加材料的空腔深度来提高材料低频的吸声性能，如 F-5 当厚度为 12mm，空腔厚度为 10mm 的样品吸声性能与 25mm 样品的吸声性能相近，增加空腔深度等效于增加材料厚度，可以显著提高材料中低频的吸声性能。

图 7-21 表示复合材料的厚度增加时材料的表面声阻抗变化规律，声阻和声抗分别反映了材料的摩擦损耗和材料的弹性性质，增加材料的厚度相当于增加材料的弹性。在小于 3000Hz 时，厚度为 25mm 的复合材料的声抗小于 12mm 厚度的材料，而声阻大于 12mm 的材料。但频率大于 3000Hz 范围内厚度为 25mm 的复合纤维材料的声阻减小，而声抗变大。所以增加材料的厚度，中低频的声抗减小，声阻变大，吸声性能提高，而高频部分声阻下降，声抗变大，吸声系数随频率变化出现起伏，主要是入射声波和反射声波叠加时相位差引起的。

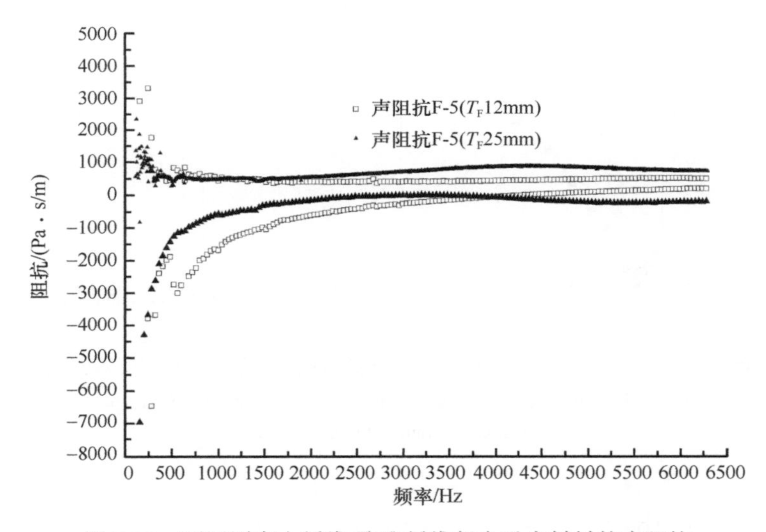

图 7-21 不同厚度木纤维-聚酯纤维复合吸声材料的声阻抗

Fig.7-21 The impedance of different thicknesses wood-polyester fiber composite

（三）空腔深度对木纤维-聚酯纤维复合吸声材料吸声性能的影响

图 7-22 和图 7-23 表示不同厚度的木纤维-聚酯纤维复合吸声材料在不同空腔深度时的吸声系数大小。从图 7-22 可以看出，当空腔深度从 0mm 增加到 15mm 时材料低频的吸声系数显著提高，最大的吸声系数位置从 5000Hz 降低到 2200Hz，向低频移动，最大吸声系数值变化不大，但高频的吸声系数有所降低。因为低频的声波波长较长，易在空腔厚度较大时形成共振吸声结构，而高频声波较短，则易在空腔厚度较小时形成共振；当纤维吸声材料的空腔深度等于 1/4 波长的奇数倍时，其相应的频率处的声压为零，空气质点的振动速度最大，则可获得最大的吸声系数，这是因为距刚性壁面 1/4 波长所起的摩擦阻性效果最大，使声能耗损达到最大，达到最好吸声效果，出现共振吸声峰。通过空腔深度对平均吸声系数（表 7-18 和表 7-19）影响的方差分析结果，空腔深度对平均吸声系数具有显著影响，随着空腔深度的增加，平均吸声系数变大，主要原因是空腔

深度显著提高了材料低频的吸声性能。但空腔深度对最大吸声系数影响不显著。图 7-23 表示随着材料背后空腔深度增加时，复合纤维材料表面的声阻抗变化。低频部分留有空腔的材料表面声抗低于未留有空腔的材料，高频部分恰好相反，整个频段上留有空腔的表面声阻比未留有空腔的大。空腔的影响和材料的厚度影响相近，所以增加一定后背空腔相当于增加材料的厚度，提高材料低频部分的吸声性能。所以增加材料的后背空腔深度和增加材料的厚度，声阻抗的变化规律相近。其中，图 7-22 中材料的厚度为 12mm，而图 7-24 中材料的厚度为 25mm，从图中可以看出随着材料厚度的增加，空腔深度的影响减弱，图 7-24 空腔深度为 10mm 和 15mm 两个样品之间吸声性能接近。

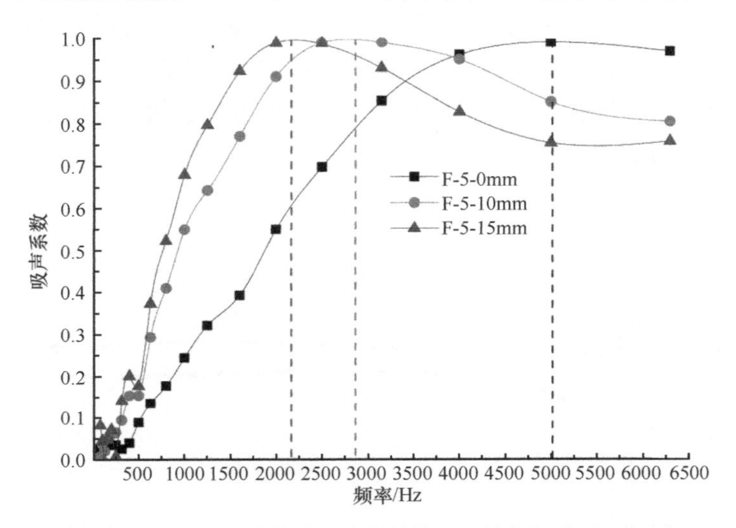

图 7-22　背后空腔深度对木纤维-聚酯纤维复合吸声材料的吸声性能影响(空腔深度：0mm，10mm，15mm)
Fig.7-22　The effect of backed air gap on sound absorption coefficient of wood-polyester fiber composite (Airgap：0mm，10mm，15mm)

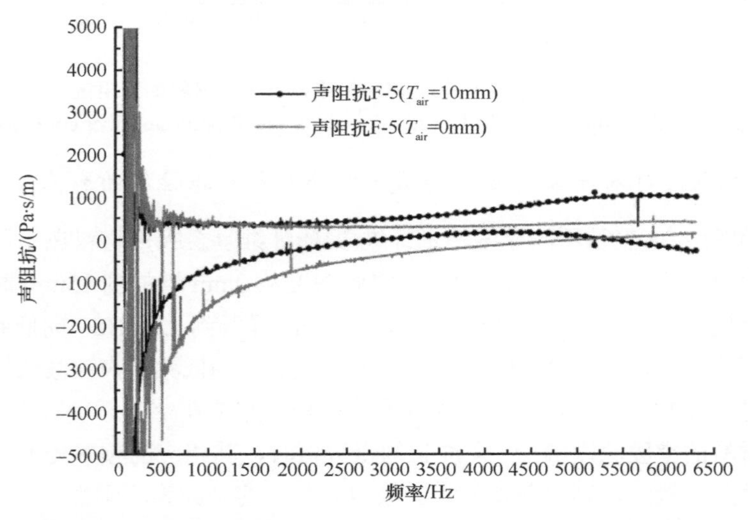

图 7-23　背后空腔深度对木纤维-聚酯纤维复合吸声材料的表面阻抗影响（空腔深度：0mm，10mm）
Fig.7-23　The effect of backed air gap on surface impedance of wood-polyester fiber composite (Airgap：0mm，10mm)

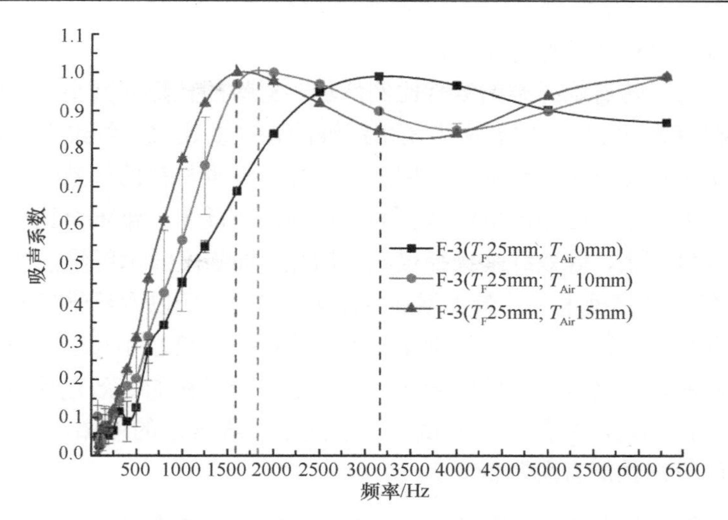

图 7-24　背后空腔深度对木纤维-聚酯纤维复合吸声材料吸声性能影响（空腔深度：0mm，10mm，15mm）
Fig.7-24　The effect of backed air gap on sound absorption coefficient of wood-polyester fiber composite (Airgap：0mm，10mm，15mm)

（四）流阻对木纤维-聚酯纤维复合吸声材料吸声性能的影响

表 7-20 表示不同工艺条件下木纤维-聚酯纤维复合吸声材料的流阻率大小，首先，随密度的增加其流阻率变大，主要原因是复合材料的密度增加材料内部的孔隙率减小（表 7-20），空气在材料内部移动阻力变大；其次，随木纤维混合比例的增加材料内部的孔隙率也相应减小，其流阻率变大，其主要原因是木纤维的直径比聚酯纤维直径大，木纤维密度较小，在材料密度相同的情况下，木纤维混合比例越大，其等效纤维直径越大，内部孔隙率越小，流阻率变大，但内部孔隙的比表面积减小。如果流阻在一个相对较宽的范围之内，纤维材料的吸声性能随流阻的增加而增加，但当流阻增加到某一特定值时，吸声性能会随流阻的增加而减小。因为如果纤维材料的密度太小时，与声波干涉的纤维数量较多，但当纤维材料的流阻过大时，声波很难进入材料内部而被反射回来，所以纤维材料的流阻过小过大都不利于纤维材料的吸声性能。

根据经验当材料的流阻在 2～4 倍空气特性阻抗（800～1600Pa·s/m^3）时，材料的吸声性能良好。试验设计的密度范围内材料的流阻偏小（最大为 720Pa·s/m^3），所以声波易穿透材料内部，吸声性能较低。

（五）孔隙率和曲折度对木纤维-聚酯纤维复合吸声材料吸声性能的影响

如表 7-20 所示，在试验设计密度范围内木纤维-聚酯纤维复合吸声材料的孔隙率范围为 0.881～0.939，曲折度范围为 1.032～1.067。纤维混合比例相同时，随着复合材料密度增加，材料的孔隙率减小，材料越密实，并且内部的孔隙结构变化越复杂（随密度的增加，材料内部的孔隙曲折度变大，而曲折度在一定程度上反映了材料内部孔隙结构的复杂程度）。密度较小时材料的孔隙率较大，但是材料内部的孔隙较大，孔隙结构简单，声波易穿透材料。当密度增加时材料变得密实，孔隙率下降，纤维数量增加，内部孔隙变小，相应的孔隙结构也变得复杂，孔隙的比表面积增加，声波在材料中的传播路径增加，声波与纤维壁层的摩擦增多。

在密度相同时，随着木纤维的混合比例增加，材料的孔隙率减小，但是减小幅度很小，最大降低幅度为 0.016，主要原因是木纤维的直径要比聚酯纤维大，聚酯纤维密度是木纤维的 2 倍多，随着木纤维混合比例增加，复合纤维材料的等效纤维直径变大，复合纤维的等效密度减小。在相同单位体积的质量情况下随木纤维混合比例增加，单位体积内的纤维总长度变大，等效纤维直径也相应增加。曲折度随木纤维的增加也有所增加（表 7-20），但增加的幅度很小，最大增加幅度为 0.009。所以木纤维混合比例增加对材料的孔隙率和曲折度的影响较小，特别是密度越大影响程度较小（表 7-18，P=0.6538）。所以在密度相同时，提高木纤维的混合比例，纤维复合材料的等效直径增加，孔隙的比表面积减小，声波作用产生的损耗降低，所以随木纤维含量的增加，木纤维-聚酯纤维复合吸声材料的吸声性能有所降低。

（六）纤维表面形态及大小对木纤维-聚酯纤维复合吸声材料吸声性能的影响

聚酯纤维是由对苯二甲酸或对苯二甲酸二甲酯及乙二醇经过缩聚、纺丝所得的合成纤维，纤维直径（34μm）和长度（50mm）均匀，纤维表面光滑[图 7-25（a）]，而杨木纤维是木片经过热磨而成，木纤维的直径（图 7-26，木纤维直径分布范围较宽）和长度变异性较大，木纤维表面粗糙[图 7-25（b）]。木纤维特殊的表面结构，一方面增加了纤维的比表面积，另一方面增加了空气和纤维壁层的摩擦。图 7-27 表示木纤维和聚酯纤维横切面形态，木纤维主要由中空的木材细胞组成，而聚酯纤维为实心结构[（图 7-27 Ⅱ（a）]。在相同直径下木纤维质量较轻，孔隙率较高（细胞腔孔隙对纤维吸声的贡献较小），声波作用下木纤维更容易振动；木纤维表面粗糙程度大于聚酯纤维，木纤维特殊的表面增加了空气和纤维壁层的摩擦。从图 7-27（a）、（b）、（c）木纤维横截面绝大多数近似长方形或者正方形，木纤维横截面细胞个数由几个到几十个变化。虽然相同直径的木纤维吸声性能优于聚酯纤维，但是因为木纤维的直径是聚酯纤维直径的 6 倍，所以木纤维吸声性能低于聚酯纤维。

图 7-25　聚酯纤维和木纤维的表面形态

Fig.7-25　The surface morphology of polyester fiber and wood fiber

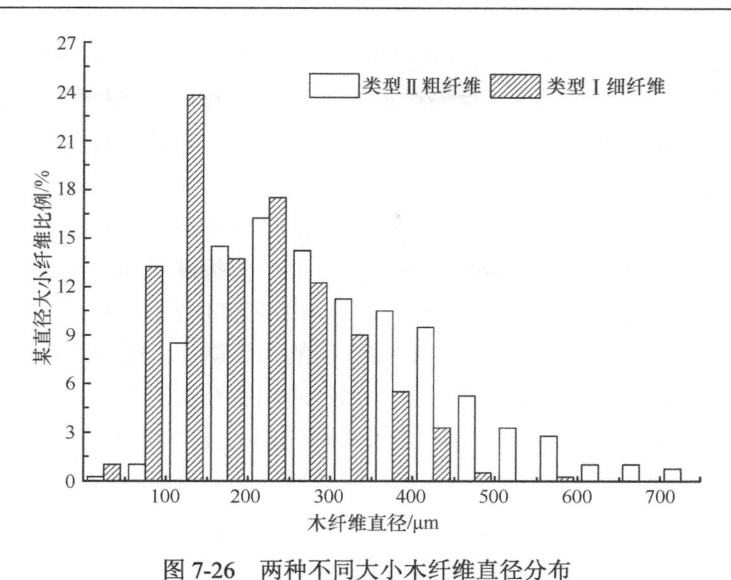

图 7-26　两种不同大小木纤维直径分布

Fig.7-26　The diameter distribution of different sizes of wood fibers

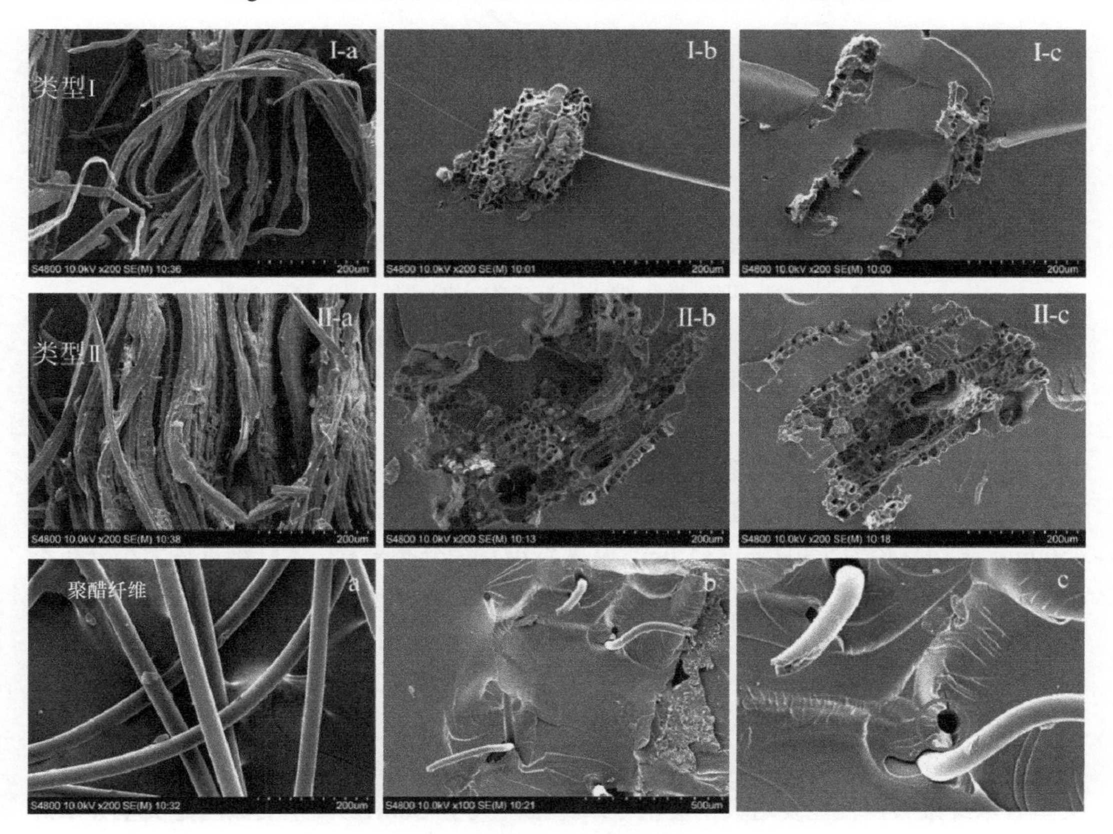

图 7-27　聚酯纤维和木纤维横切面形态

Fig.7-27　The cross-section morphology of polyester fiber and wood fiber

图 7-28 中 F-1、F-2、F-3 为木纤维混合比例分别为 30%、45%、60%的木纤维-聚酯纤维复合吸声材料，从图上可以看出在小于 1250Hz 的低频段，木纤维的混合比例对吸

声性能没有显著影响，但是大于 1250Hz 随着木纤维的混合比例增加吸声系数降低，这是因为聚酯纤维与细木纤维相比，聚酯纤维的直径（34μm）比细木纤维的直径（204μm）小，所以在密度一定的情况下，木纤维的混合比例越大，单位体积内的纤维根数减少，纤维之间的接触面积减小；随着木纤维混合比例的增加，复合材料的空气流阻减小。根据第二节的表 7-14 可知，当密度为 0.91g/cm^3，木纤维混合比例分别为 45%、60%时，随木纤维的混合比例增加，复合材料的孔隙率降低，曲折度增加，渗透率增加，特征长度也相应增加，主要原因是木纤维的直径较大，相对密度较小，混合比例增加，材料中的孔隙比表面积较小，有效孔隙面积与孔隙体积的比值减小。根据木纤维混合比例对吸声性能的影响分析，材料的密度和纤维混合比例之间存在交互作用，密度越大，木纤维混合比例的影响就越小，主要与材料的孔隙率和内部孔隙的曲折度有关。

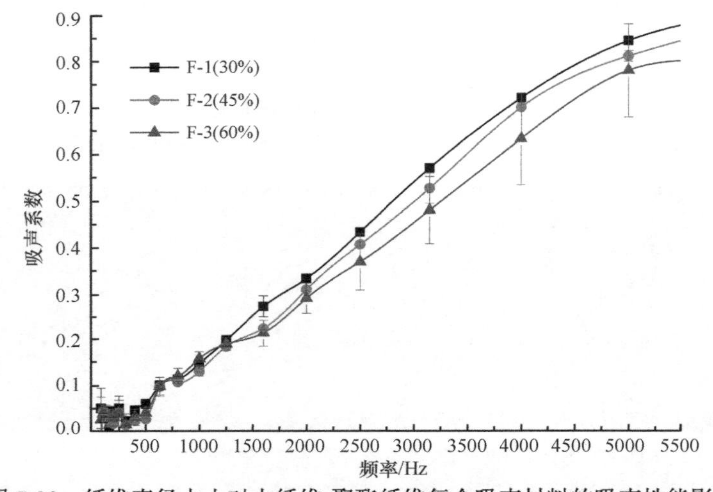

图 7-28 纤维直径大小对木纤维-聚酯纤维复合吸声材料的吸声性能影响

Fig.7-28 The effect of fiber diameter size on sound absorption coefficient of wood-polyester fiber composite

图 7-26 表示两种不同形态大小的木纤维直径分布，可以看出类型Ⅰ木纤维直径主要集中在 50～300μm，平均直径为（204±99）μm，类型Ⅱ木纤维直径主要集中在 100～450μm，平均直径为（304±133）μm。从木纤维直径分布来看，木纤维直径大小分布不均匀，分布范围较广。从图 7-27 可知类型Ⅰ木纤维中直径最小的木纤维只有一个细胞直径大小（图Ⅰ-c），而较大的有几十个细胞直径大小（图Ⅰ-b），类型Ⅱ木纤维是由几根未彻底分离的纤维束组成。混合比例和密度相同（近）的两种木纤维复合吸声材料，类型Ⅱ木纤维吸声性能要略大于类型Ⅰ木纤维，如图 7-29 表示密度为 0.91g/cm^3，木纤维混合比例分别为30%和60%的不同木纤维直径大小的木纤维-聚酯纤维复合吸声材料。类型Ⅱ木纤维吸声性能要略大于类型Ⅰ木纤维（大于 500Hz），主要原因是类型Ⅱ木纤维实际是好几根未彻底分离的细木纤维组成（图 7-27），纤维呈“树叉”状，类型Ⅱ木纤维表面存在许多缝隙，声波易进入，其次粗木纤维的比表面积较大（未彻底分离的细木纤维），声波和木纤维壁层的摩擦增多，声波损耗增加。

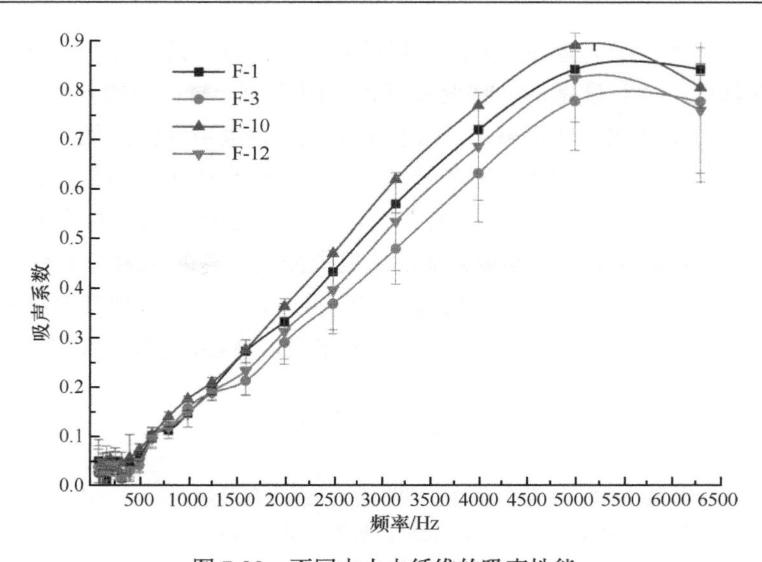

图 7-29　不同大小木纤维的吸声性能

Fig.7-29　The sound absorption property of different wood fiber sizes

三、小结

影响木纤维-聚酯纤维复合吸声材料的吸声性能的因素主要包括宏观结构参数和微观结构参数，本节通过不同的材料密度、纤维形态以及现象理论模型参数研究复合材料参数对吸声性能影响的机理，结论如下。

（1）复合纤维材料的密度增加，其孔隙率减小，孔隙曲折度增加，孔隙结构变得复杂。根据现象模型参数，随着复合材料的密度增加，孔隙的特征长度增大，即孔隙的比表面积增大，复合材料的流阻率增加，所以随密度增加复合材料的吸声性能增大（试验设计密度范围内）；增加材料密度，其声阻增大，中低频部分声抗减小，吸声性能提高。但高频的声抗增加，反射声波和入射声波相互叠加，声场强度增加，吸声性能降低。

（2）因为多孔材料的第一共振频率与材料的厚度成反比，所以增加复合材料的厚度对低频吸声性能提高显著，高频的吸声系数略有所减低，最大吸声系数向低频移动。当频率大于第一共振频率时，随厚度增加时，会出现声峰和声谷，导致吸声性能起伏，甚至稍微下降。增加材料的厚度相当于增加材料的弹性，复合材料在中低频的声抗减小，声阻变大，吸声性能提高，而高频部分声阻下降，声抗变大，吸声系数随频率变化出现起伏，主要是入射声波和反射声波叠加时相位差引起的。

（3）复合材料留有一定的空腔深度，其吸声性能显著提高，最大的吸声系数向低频移动，最大吸声系数变化不大，但高频的吸声系数有所降低。当纤维吸声材料的空腔深度等于 1/4 波长的奇数倍时，其相应的频率处的声压为零，空气质点的振动速度最大，则可获得最大的吸声系数。增加复合材料空腔深度声阻抗与增加材料的厚度变化相近，所以为了提高纤维吸声材料的吸声性能和降低成本，一般在纤维吸声材料安装时留有一定的空腔深度。

（4）由于木纤维特殊的结构，其表面粗糙度较大，木纤维的比表面积大于聚酯纤维

（相同直径下），但木纤维的直径为聚酯纤维的 6 倍，所以木纤维混合比例的增加，复合材料的孔隙率降低，曲折度增加，特征长度也相应增加，材料中的孔隙比表面积减小，有效孔隙面积与孔隙体积的比值减小，复合流阻过小，吸声性能降低。但材料的密度和纤维混合比例之间存在交互作用，密度越大，木纤维混合比例的影响就越小，主要复合材料的孔隙率和内部孔隙的曲折度有关。类型Ⅱ木纤维吸声性能要略大于类型Ⅰ木纤维，主要原因首先是类型Ⅱ木纤维实际是由几根未彻底分离的细木纤维组成，纤维呈“树叉”状，类型Ⅱ木纤维表面存在许多缝隙，声波易进入；其次类型Ⅱ木纤维的比表面积较大（未彻底分离的细木纤维），声波和木纤维壁层的摩擦增多，声波损耗增加。

主要参考文献

孙中伟，杨建平，郁崇文. 2007. 竹原纤维的密度测试[J]. 纺织科技进展，1: 75-76.

马大猷. 2002. 噪声与振动控制工程手册[M]. 北京：机械工业出版社.

Allard J F，Depollier C，Guignouard P，et al. 1991. Effect of a resonance of the frame on the surface impedance of glass wool of high density and stiffness[J]. The Journal of the Acoustical Society of America，89（3）: 999-1001.

Biot M A. 1956. Theory of propagation of elastic waves in a fluid-saturated porous solid. I. Low-frequency range. II. Higher frequency range[J]. The Journal of the Acoustical Society of America，28:168-191.

Champoux Y，Allard J F. 1991. Dynamic tortuosity and bulk modulus in air-saturated porous media [J]. Journal of Applied Physics，70（4）: 1975-1979.

Champoux Y，Stinson M R，Daigle G A. 1991. Air-based system for the measurement of porosity[J]. The Journal of the Acoustical Society of America，89（2）: 910-916.

Coates M，Kierzkowski M. 2002. Acoustic textiles——Lighter，thinner and more sound absorbent [J]. Technical Textiles International，11（7）: 15.

Cox T J，Peter D A. 2004. Acoustic Absorbers and Diffusers-Theory，Design and Application [M]. Witer Woof Inc: Spon Press.

Fahy F. 2000. Foundations of Engineering Acoustics[M]. London:Academic Press.

Glé P，Gourdon E，Arnaud L. 2011. Assessing wood in sounding boards considering the ratio of acoustical anisotropy[J]. Applied Acoustics，（72）: 249-259.

Hur B Y，Park B K，Ha D I，et al. 2005. Sound absorption properties of fiber and porous materials[J]. Materials Science Forum，475: 2687-2690.

Ingard K U. 1994. Notes on sound absorption technology[M]. Poughkeepsie，NY: Noise Control Foundation.

Jayaraman K A. 2005. Acoustical Absorptive Properties of Nonwovens [D]. Master Dissertation of North Carolina State University.

Johnson D L，Koplik J，Dashen R. 1987. Theory of dynamic permeability and tortuosity in fluid-saturated porous media[J]. Journal of Fluid Mechanics，176（1）: 379-402.

Johnson D L，Koplik J，Schwartz L M. 1986. New pore-size parameter characterizing transport in porous media[J]. Physical Review Letters，57（20）: 2564.

Joos G. 1960. Theoretical physics[M]. London: Blackie & Son Limited.

Kino N，Ueno T. 2008. Evaluation of acoustical and non-acoustical properties of sound absorbing materials made of polyester fibers of various cross-sectional shapes[J].Applied Acoustics，（69）: 575-582.

Mechel F P. 2002. Formulas of Acoustics [M]. Berlin:Springer Science & Business Media.

Morse P M C，Ingard K U. 1968. Theoretical Acoustics[M]. London:Princeton University Press.

Narang P P. 1995. Material parameter selection in polyester fibre insulation for sound transmission and absorption[J]. Applied Acoustics，45（4）：335-358.

Nick A，Becker U，Thoma W. 2002. Improved acoustic behavior of interior parts of renewable resources in the automotive industry [J]. Journal of Polymers and the Environment，10（3）：115-118.

Shoshani Y，Yakubov Y. 2000. Numerical assessment of maximal absorption coefficients for nonwoven fiberwebs [J]. Applied Acoustics，59（1）：77-87.

Tascan M. 2005. Acoustical Properties of Nonwoven Fiber Network Structures [D]. Doctoral Dissertation of Clemson University，USA.

第八章　结　　论

本书结合聚合物发泡技术和木质人造板复合技术，将木纤维和聚酯纤维施加一定量的胶黏剂和发泡剂，制备木纤维-聚酯纤维复合吸声材料，针对胶黏剂与发泡剂的协同、轻质多孔、达到轻质纤维板标准的力学性能要求以及优良吸声性能的关键问题，研究了异氰酸酯胶黏剂的最佳固化温度与偶氮二甲酰胺发泡剂的分解峰值温度、复合材料制备以及材料多孔的形成机理及吸声机理，并探讨了影响木纤维-聚酯纤维复合吸声材料吸声性能的影响因素。通过大量的测试和系统分析，得出以下结论。

木纤维和聚酯纤维是两种完全不同的纤维，化学组成以及结构的差异导致它们的性能不同，在强度、弯曲度等诸多物理性质上存在区别，此外两种纤维的表面结构也有较大的差异，木纤维结构复杂，表面粗糙度较大，而聚酯纤维表面光滑，不利于胶合，可利用等离子等处理方法，增大纤维表面粗糙度，从而改善其胶合性能，提高板材的力学性能；异氰酸酯胶黏剂对聚酯纤维有较好的胶合性能，而脲醛树脂和酚醛树脂胶黏剂对聚酯纤维的黏合度较低，可探讨不同类型的偶联剂对其胶合强度的影响。

木纤维与聚酯纤维的均匀混合直接关系复合材料内部两种纤维的均匀分布程度，因此，纤维的均匀混合为制备具有较好吸声性能的复合材料的关键工艺之一。利用风力混合装置，将木纤维和聚酯纤维在负压气流的吸附下，通过具有一定曲率的管道，经过转子机械力的打散，并最终在旋转的气流作用下混合，重复进行该过程可将纤维复合至均匀。

改性异氰酸酯胶黏剂的最佳固化温度为 150℃，为发泡剂的最佳分解峰值温度为140℃左右，而该温度差值是较佳的发泡与固化差值温度。

较优的复合工艺为，木纤维/聚酯纤维为 3∶1、施胶量为 12%、发泡剂加量为 8%、密度为 0.2g/cm^3、热压温度为 150℃、加压时间为 10min，在该条件下制备的厚度为 10mm 的复合材料，具有较优的吸声性能，且力学性能均能达到 LY/T 1718—2007《轻质纤维板》要求。

随着木纤维/聚酯纤维的增大，复合吸声材料的静曲强度、弹性模量和内结合强度有所提高，而 2h 吸水厚度膨胀率也随之增大；增加施胶量，复合吸声材料的力学性能呈先增加后减小的趋势，2h 吸水厚度膨胀率也随施胶量的增加而减小；在试验范围内，随着发泡剂施加量增加，复合吸声材料的各项力学指标都有不同程度的降低，2h 吸水厚度膨胀率有所增大；随着密度的增加，复合吸声材料的力学性能都有大幅度的提高，2h 吸水厚度膨胀率也有明显的增大。

木纤维-聚酯纤维复合吸声材料的吸声性能与空气流阻率有关，在一定范围内，材料的吸声系数随着流阻率的减小而增大；当材料的流阻率继续减小并超过最佳流阻率时，材料的吸声系数呈减小趋势；该复合材料的最佳空气流阻率为 1.98×10^5Pa・s/m^2。当复合材料的其他参数不变时，增大材料的厚度，复合材料的低频吸声系数增加，高频吸声系数几乎不变。当复合材料的密度为0.2～0.4g/cm^{3}时，复合材料的吸声系数随着密度的增大而减小，即在此范围内，当密度为0.2g/cm^{3}时，材料的吸声性能最好。复合材料背后留有空腔时，材料的吸声峰值向低频方向移动，在一定范围内，随着空腔深度的增加，低频吸声系数的增加程度就不明显了。

针刺工艺对材料的吸声性能有影响，材料密度较大时，经过针刺处理可明显提高其吸声性能；材料密度过小时，针刺处理反而会在一定程度上降低其吸声性能。从装饰的角度考虑，常常需要在其表面贴覆装饰材料，通过研究发现，对素板贴覆软木表面装饰材料可提高复合材料低频的吸声性能，但对高频的吸声系数有明显的降低。

本书通过针刺的方法将木纤维和聚酯纤维针刺复合，形成木纤维-聚酯纤维复合吸声材料，并根据Biot现象模型理论将复合纤维吸声材料等效为某一特定介质，探究复合纤维吸声材料孔隙率、流阻、密度等参数以及声波作用下的特征长度和渗透率等参数与等效介质的密度和体积弹性模量之间的关系。并根据声波在有界流体中传播的表面阻抗理论，建立复合纤维材料的理论吸声系数与等效介质密度和体积模量的函数关系，分析理论吸声系数与实测吸声系数的相关性，分析理论模型的误差原因。最后根据现象模型理论分析复合纤维材料参数对材料的吸声性能影响机理，主要获得以下结论：

将复合纤维材料等效为特定介质，建立复合纤维材料的参数与等效介质密度和体积弹性模量之间的模型。根据声波在有界流体中的传播特性，理论计算复合材料的表面阻抗和吸声系数，理论与实测吸声系数非线性回归检验的决定系数为0.72～0.97。在低频部分(特别是小于315Hz)理论吸声性能和非线性回归模型之间的误差较大，最大为38%。但在中高频部分，理论吸声性能和非线性回归模型之间误差小于10%。

理论吸声系数与实测吸声系数相比，产生误差的主要原因是木纤维形态的不规整性，因为木纤维的特殊加工方式，木纤维由多根未彻底分离的纤维束组成，纤维表面存在许多缝隙，纤维的横截面形状不规整，所以导致等效纤维密度、孔隙率、特征长度等一系列与木纤维直径有关的参数都存在误差。

木纤维-酯纤维复合吸声材料吸声特性满足一般纤维吸声材料的吸声特性，即在低频吸声系数很低，随着频率的增加吸声系数增大。

在复合材料试验设计的密度范围内（0.08～0.13g/cm^3），随密度增加其流阻率从1.3×10^4Pa·s/m^{2}增加到6.0×10^4Pa·s/m^2，平均吸声系数从0.111增加到0.292，最大吸声系数由0.404增加到0.981。在相同的木纤维混合比例条件下，复合材料的密度由0.08g/cm^{3}增加到0.13g/cm^3，其孔隙率减小了4.5%，孔隙曲折度增加了0.027，黏性/热特征长度分别减小了213.88μm和427.76μm。所以首先随密度的增加复合材料中的孔隙减小，孔隙结构变得相对复杂，孔隙的有效面积和孔隙体积比值增大，吸声性能提高。其次，随着复合材料的密度增加，复合材料的声阻先减小（小于1500Hz）后增大。声抗也先减小，但在大于5500Hz的高频段声抗增加，主要原因是反射声波和入射声波相互叠加，声场强度增加，吸声性能降低。

复合材料的厚度从12mm增加到25mm，复合材料的平均吸声系数从0.339增加到0.569，最大吸声系数所在频率（第一共振频率）从4000Hz移动到2000Hz。所以复合材料的厚度对低频吸声性能提高显著，高频的吸声系数略有所减低，多孔材料的第一共振频率与材料的厚度成反比，厚度增加最大吸声系数向低频移动。当频率大于第一共振频率时，随厚度增加时出现吸收声峰和声谷，导致吸声曲线起伏，甚至稍微下降。增加材料的厚度相当于增加材料的弹性，复合材料在中低频的声抗减小，声阻变大，吸声性能提高，而高频部分声阻下降，声抗变大，吸声系数随频率变化出现起伏，主要原因是入射声波和反射声波叠加时相位差引起的。增加复合材料空腔深度，其声阻抗和吸声系数与增加材料的厚度变化相近。当纤维吸声材料的空腔深度等于 1/4 波长的奇数倍时其相应的频率处的声压为零，空气质点的振动速度最大，则可获得最大的吸声系数。

木纤维（204μm，0.83g/cm^3）与聚酯纤维（34μm，1.69g/cm^3）相比直径大，纤维密度小。木纤维的直径为聚酯纤维的 6 倍，聚酯纤维的比表面积比木纤维大，随木纤维混合比例的增加，复合材料的孔隙率降低，曲折度增加，特征长度也相应增加，材料中的孔隙比表面积较少，有效孔隙面积与孔隙体积的比值减小，复合流阻减小，吸声性能降低，但这种趋势随复合材料的密度增加越来越小。在相同的木纤维混合比例和密度情况下，类型Ⅱ的木纤维与类型Ⅰ相比平均吸声性能提高 0.02，因为类型Ⅱ相比类型Ⅰ纤维形态更加不规整，类型Ⅱ与类型Ⅰ木纤维相比，类型Ⅱ的木纤维表面存在许多缝隙，纤维的比表面积大。